中国水稻物候时空变化专题地图集

张 帅◎著

内容简介

水稻是世界上最重要的粮食作物之一，尤其是在亚洲、非洲和拉丁美洲。而我国是世界上最大的水稻生产国，自20世纪70年代以来，中国的水稻播种面积占到世界水稻播种面积的四分之一，水稻产量占世界水稻总产量的三分之一。而在全球变暖的背景下，水稻生产也面临着巨大的挑战。对水稻物候期的研究可以提高我们对水稻生长发育的认识，为提高水稻产量的研究提供科学依据。本地图集基于中国气象局100多个农业气象观测站的水稻物候观测数据，在对该套数据进行分析的基础上，探讨了中国水稻物候期的时空动态变化特征，并且结合各站点的温度以及日长数据，分析了温度、日长对水稻物候期变化的时空格局所产生的影响。

图书在版编目（CIP）数据

中国水稻物候时空变化专题地图集 / 张帅著. -- 北京 : 气象出版社, 2022.5
ISBN 978-7-5029-7750-4

Ⅰ. ①中… Ⅱ. ①张… Ⅲ. ①水稻栽培－物候学－中国－地图集 Ⅳ. ①S511-64

中国版本图书馆CIP数据核字(2022)第119168号

审图号：GS 京（2022）0147 号

中国水稻物候时空变化专题地图集
Zhongguo Shuidao Wuhou Shikong Bianhua Zhuanti Dituji

出版发行： 气象出版社
地　　址： 北京市海淀区中关村南大街46号　　**邮政编码：** 100081
电　　话： 010-68407112（总编室）　010-68408042（发行部）
网　　址： http://www.qxcbs.com　　**E-mail：** qxcbs@cma.gov.cn
责任编辑： 蔺学东　　**终　　审：** 吴晓鹏
责任校对： 张硕杰　　**责任技编：** 赵相宁
封面设计： 楠竹文化
印　　刷： 北京建宏印刷有限公司
开　　本： 787 mm×1092 mm　1/16　　**印　　张：** 5
字　　数： 130千字
版　　次： 2022年5月第1版　　**印　　次：** 2022年5月第1次印刷
定　　价： 60.00元

前言

Preface

水稻是我国主要的粮食作物，在全球变暖的背景下，水稻生产面临着巨大的挑战。水稻物候期受气候变化和气象灾害的影响极大，其变化将直接影响水稻产量。对水稻物候的研究可以提高我们对水稻生长发育的认识，为水稻生产提供科学依据。在对水稻物候期观测数据进行系统科学的分析后发现，由于温度的升高，水稻的各个物候期都发生了不同程度的提前。水稻生长期的积温主要是增加趋势，水稻营养生长期阶段的变化除了受到温度的影响外，在一定程度上也受到日长的影响。水稻营养生长期长度变化的空间格局主要是由温度和日长的影响造成的。水稻品种从一早到抽穗以及成熟期间的热需求特性在过去几十年里也是逐渐增加的。在过去几十年里，气候变化对水稻物候的变化起到了主要作用。本地图集基于1981—2009年的中国水稻物候观测数据和气象观测数据分析了影响水稻生长发育的气象要素。

地图集由序图、早稻物候时空变化特征、晚稻物候时空变化特征和一季稻物候时空变化特征四个部分组成。

第一部分“序图”，介绍了早稻、晚稻、一季稻观测站点的分布情况。

第二部分“早稻物候时空变化特征”，包括早稻移栽期、抽穗期、成熟期的平均日期及变化趋势、早稻生长期、营养生长期、生殖生长期长度的变化趋势及其与温度的相关性、积温的变化趋势及其与温度的相关性。

第三部分“晚稻物候时空变化特征”，包括晚稻移栽期、抽穗期、成熟期的平均日期及变化趋势、晚稻生长期、营养生长期、生殖生长期长度的变化趋势及其与温度的相关性、积温的变化趋势及其与温度的相关性。

第四部分“一季稻物候时空变化特征”，包括一季稻移栽期、抽穗期、成熟期的平均日期及变化趋势、一季稻生长期、营

养生长期、生殖生长期长度的变化趋势及其与温度的相关性、积温的变化趋势及其与温度的相关性。

本地图集以水稻物候观测数据和气象观测数据为基础，分析了水稻物候对气候变化的响应。水稻的关键物候期包括移栽期、抽穗期和成熟期。水稻的移栽期、抽穗期和成熟期的单位为日序，以1月1日作为日期计数起始的第1天。地图集共有68幅涉及中国地图底图的插图是以自然资源部标准地图服务网站中的“中国地图1：3200万32开 无邻国 线划一”（审图号：GS（2019）1827号）为基础制作，未对底图进行修改，确保了制图的规范性。本地图集的出版得到了国家重点研发项目（2016YFD0300201、2017YFD0300301）的支持，特此致谢！限于经验、时间等因素，本地图集尚有不当或疏漏之处，敬请读者批评指正。

作　者

2022年1月

目 录

Contents

第一部分

序图

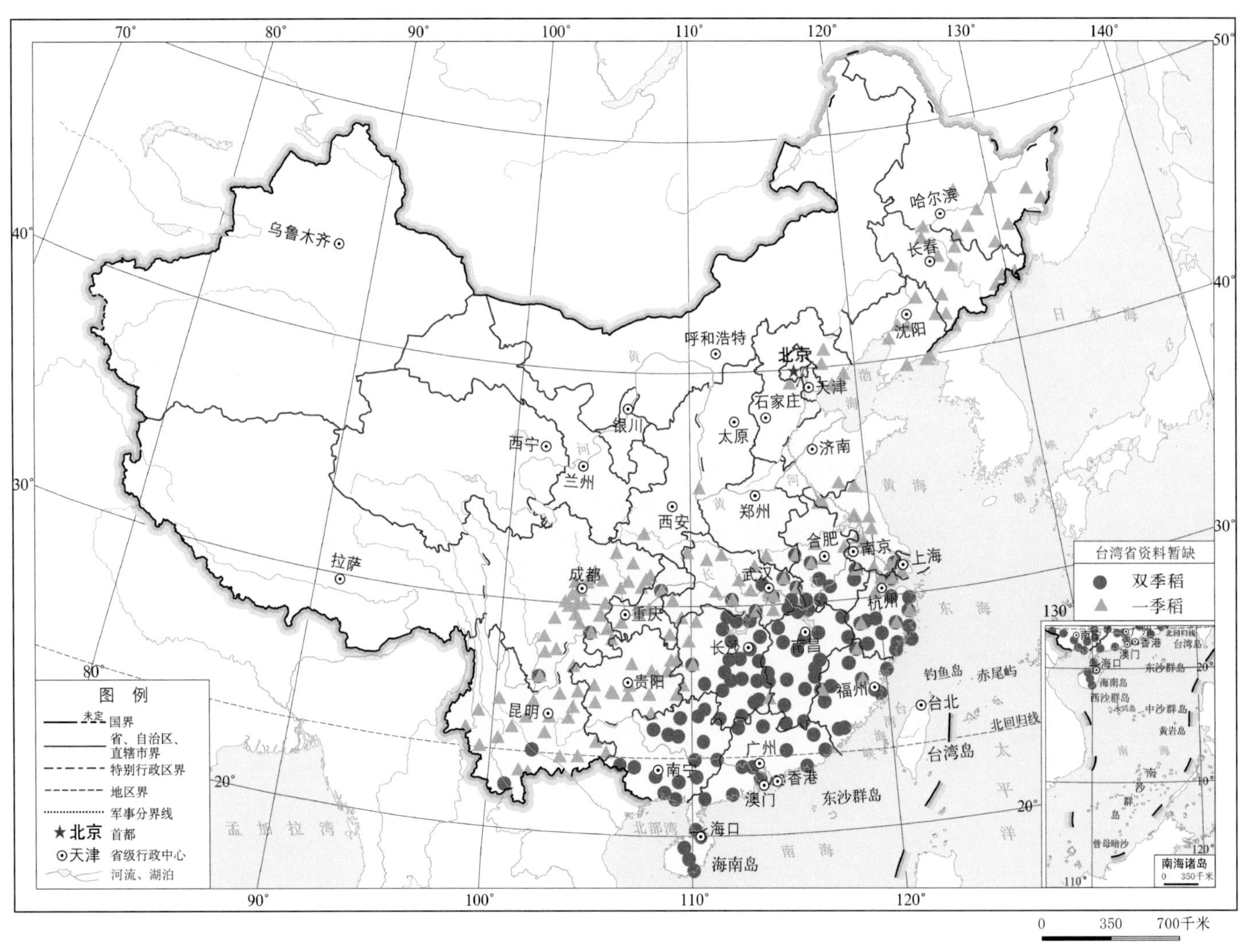

图 1-1　1981—2009 年一季稻和双季稻观测站点分布

双季稻主要种植在中国的南方地区，一季稻主要种植在中国的西南和东北地区。

第二部分

早稻物候时空变化特征

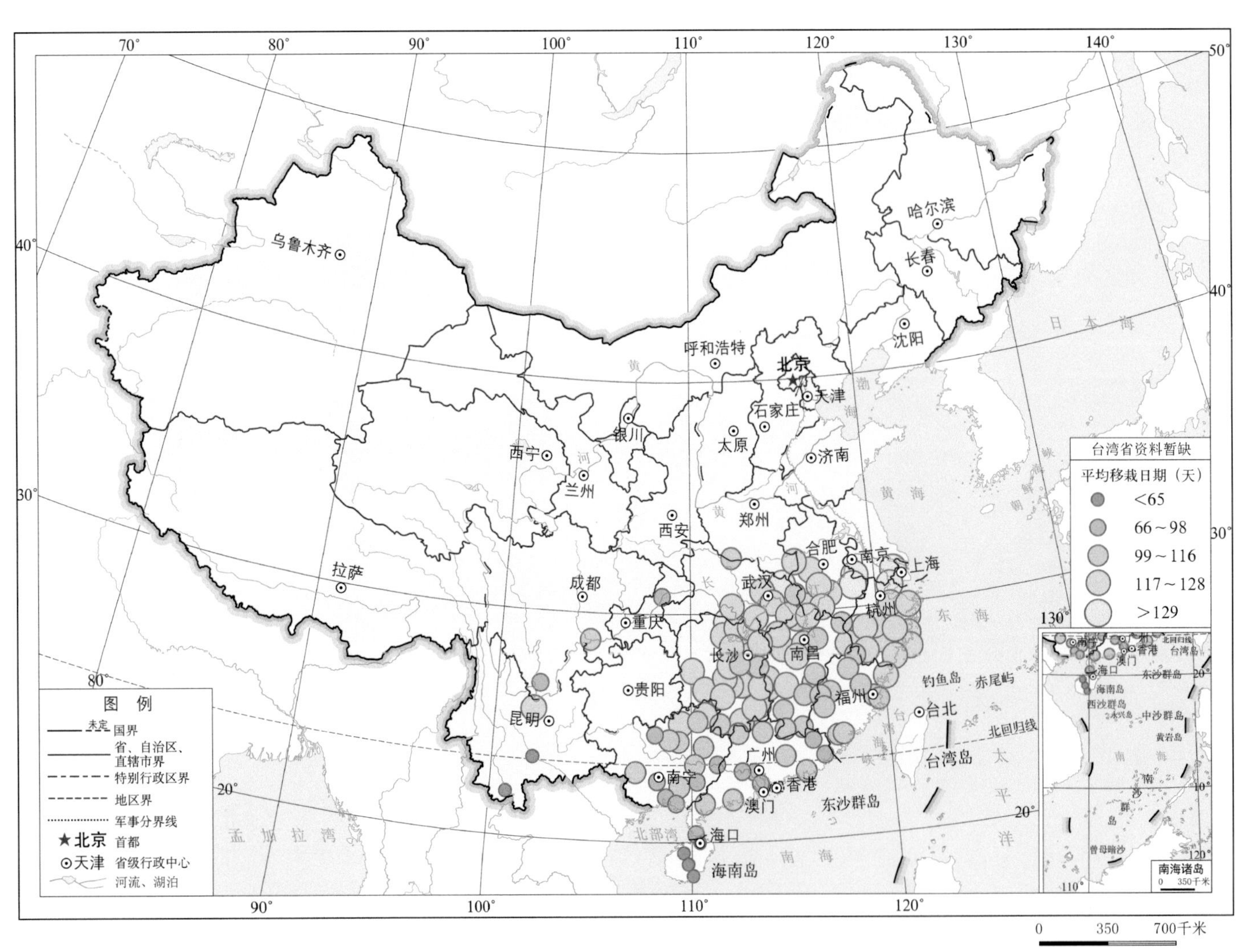

图 2-1　1981—2009 年早稻平均移栽日期

早稻主要的种植区域在中国的南方地区，移栽期主要是从每年的 4 月底到 5 月初。华南地区部分早稻站点的移栽期早于 4 月份。

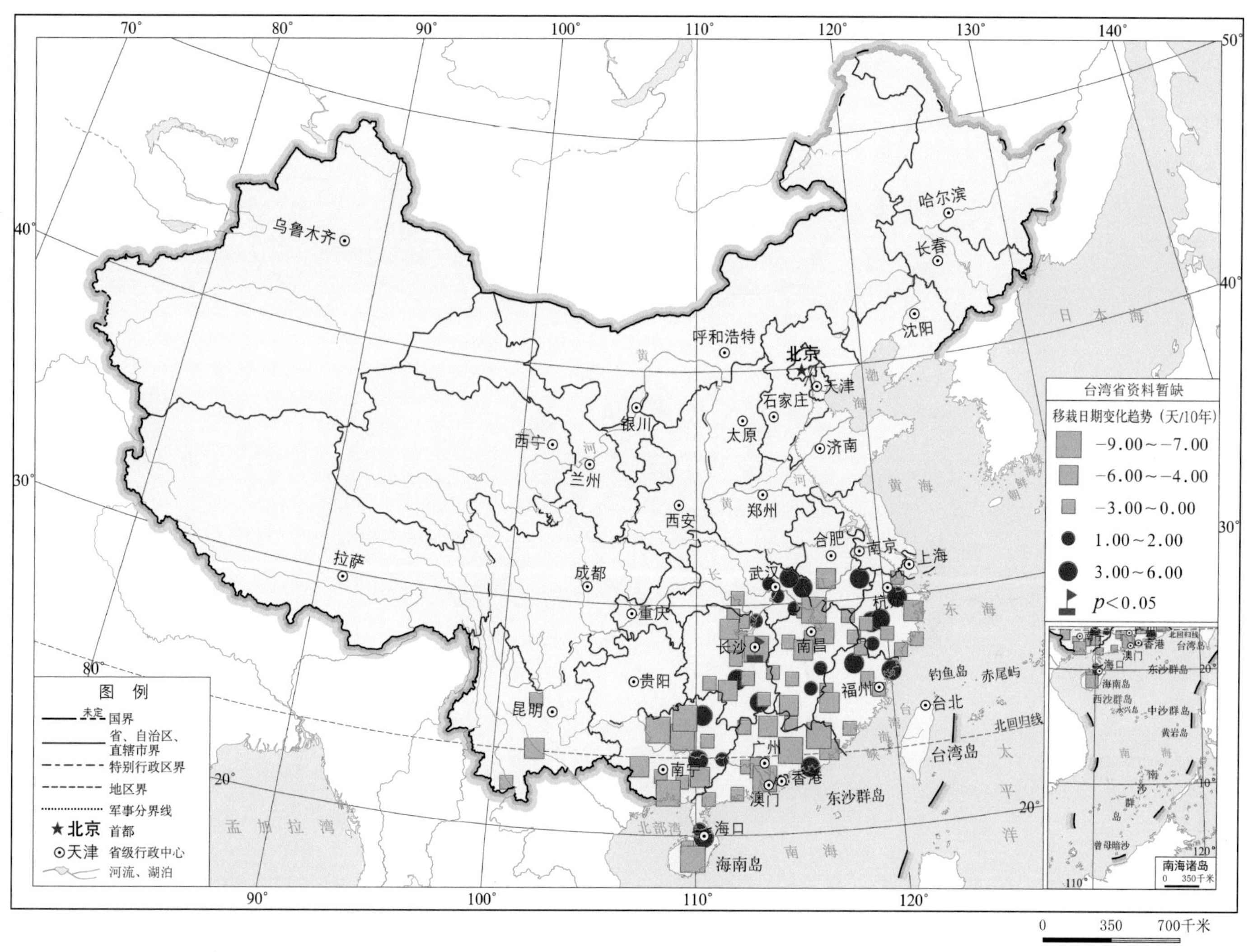

图 2-2 1981—2009 年早稻移栽日期变化趋势

早稻移栽日期变化主要呈缩短趋势，尤其在长江中下游地区呈显著缩短趋势，平均每 10 年提前了 4.00～6.00 天。

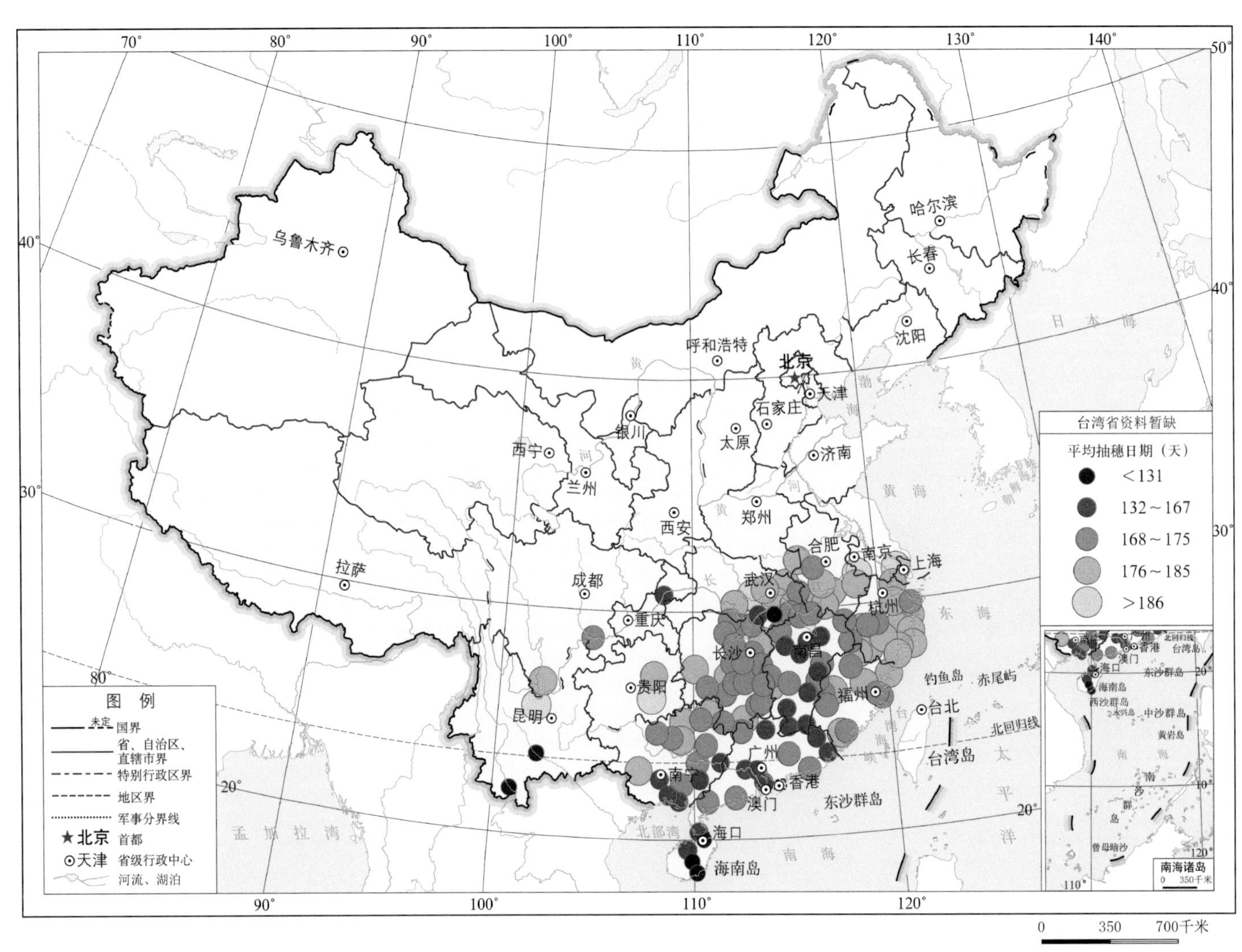

图 2-3 1981—2009 年早稻平均抽穗日期

长江中下游地区早稻的抽穗期主要集中在 6 月中下旬至 7 月初，华南地区早稻的抽穗期主要发生在 6 月中旬之前。

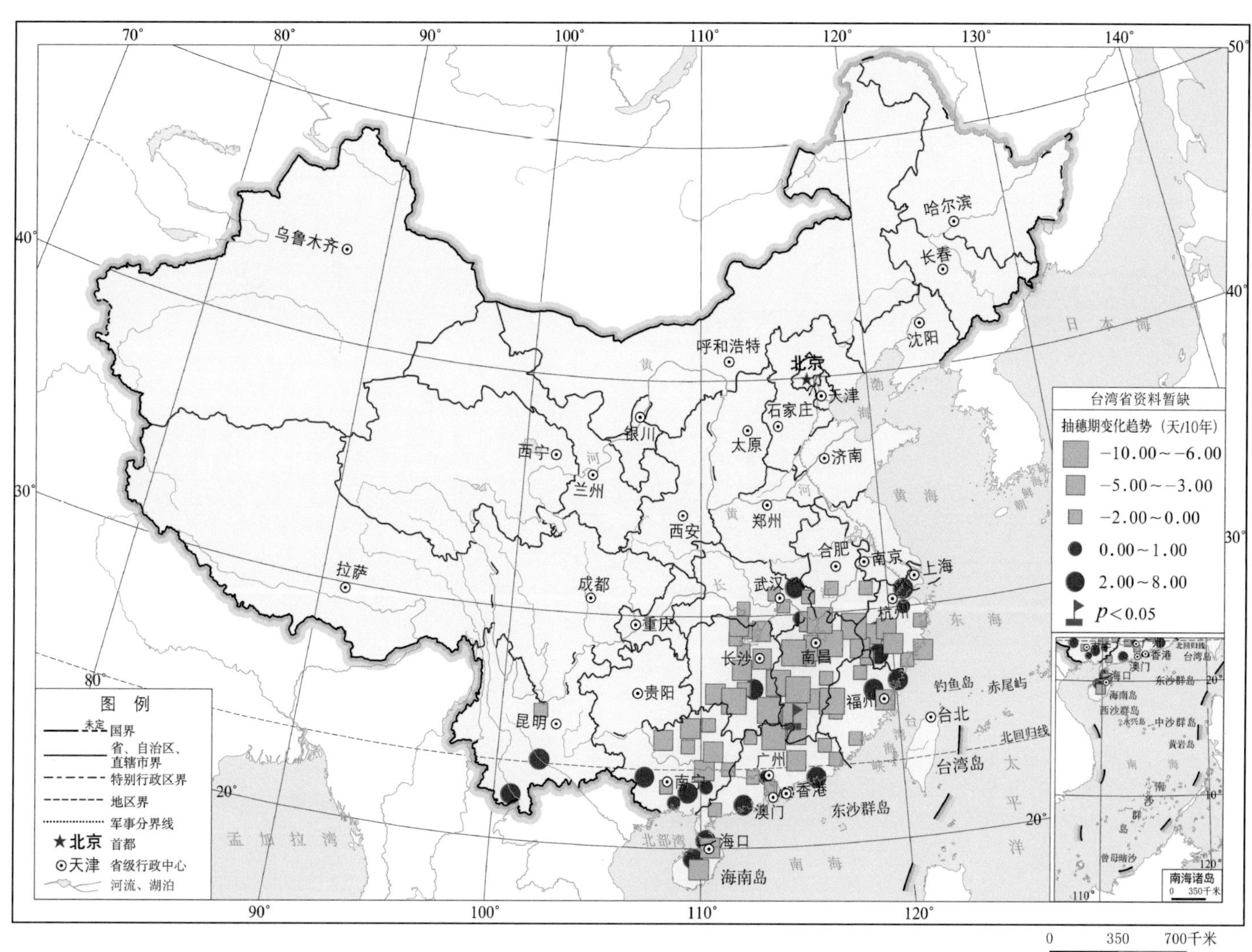

图 2-4 1981—2009 年早稻抽穗期变化趋势

早稻的抽穗期主要呈缩短趋势，尤其在湖南和江西呈显著缩短趋势，抽穗期平均每 10 年提前了 3.00～5.00 天。

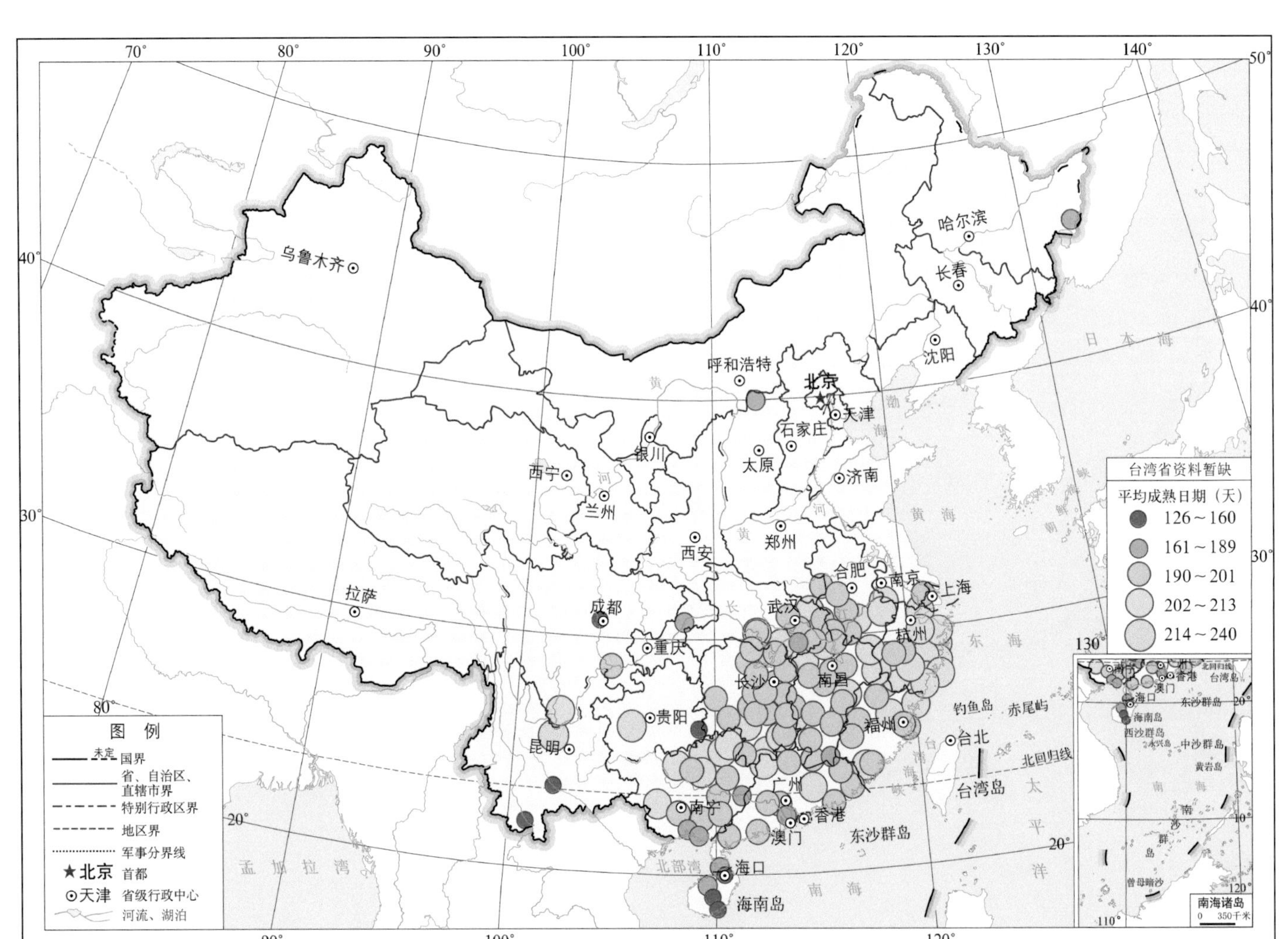

图 2-5　1981—2009 年早稻平均成熟日期

长江中下游地区早稻的成熟期主要集中在 7 月中下旬，华南地区早稻的成熟期主要在 7 月中旬之前。

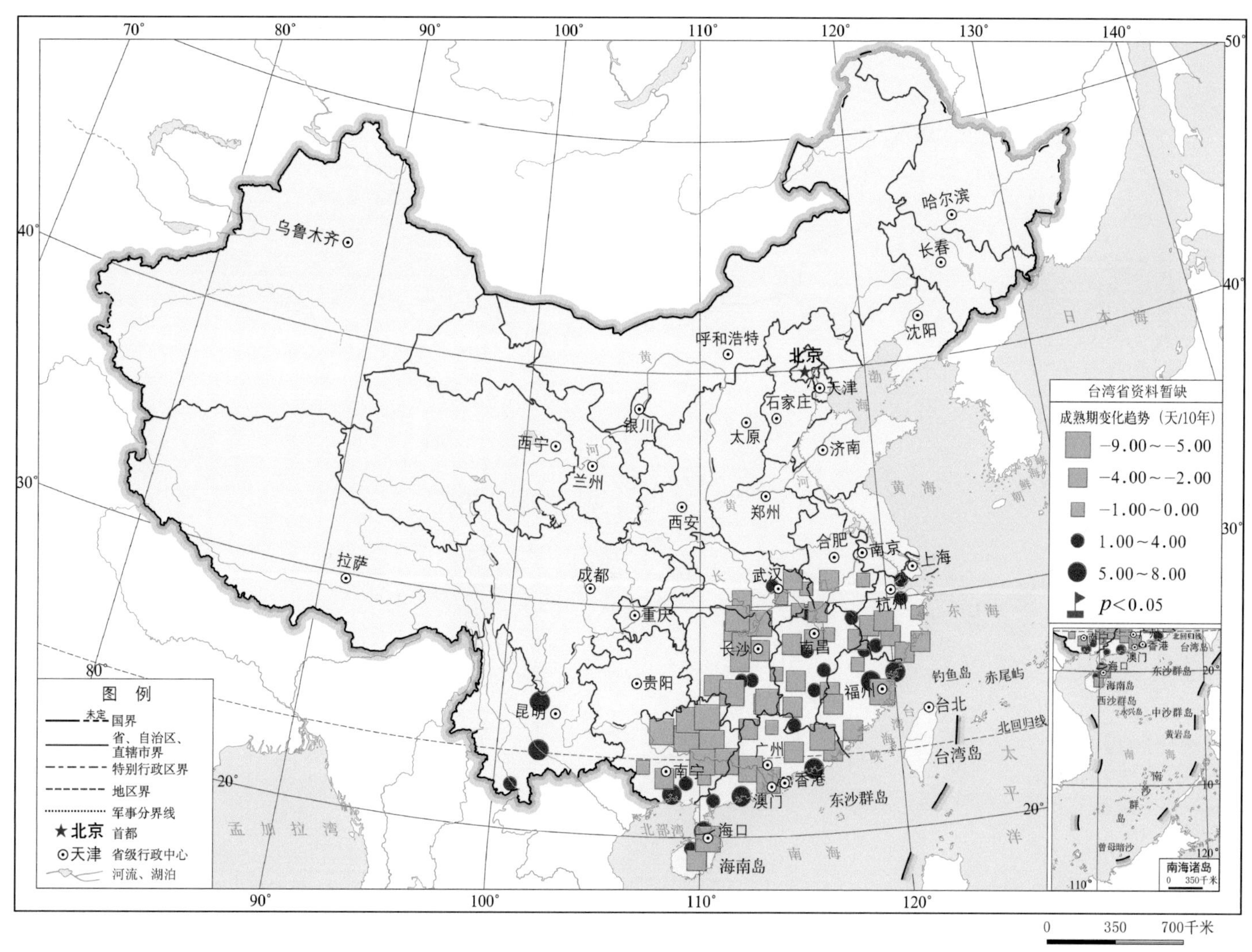

图 2-6 1981—2009 年早稻成熟期变化趋势

早稻的成熟期变化呈缩短趋势，尤其在湖南省、广西壮族自治区和广东省呈显著缩短趋势，平均每 10 年缩短了 2.00～4.00 天。

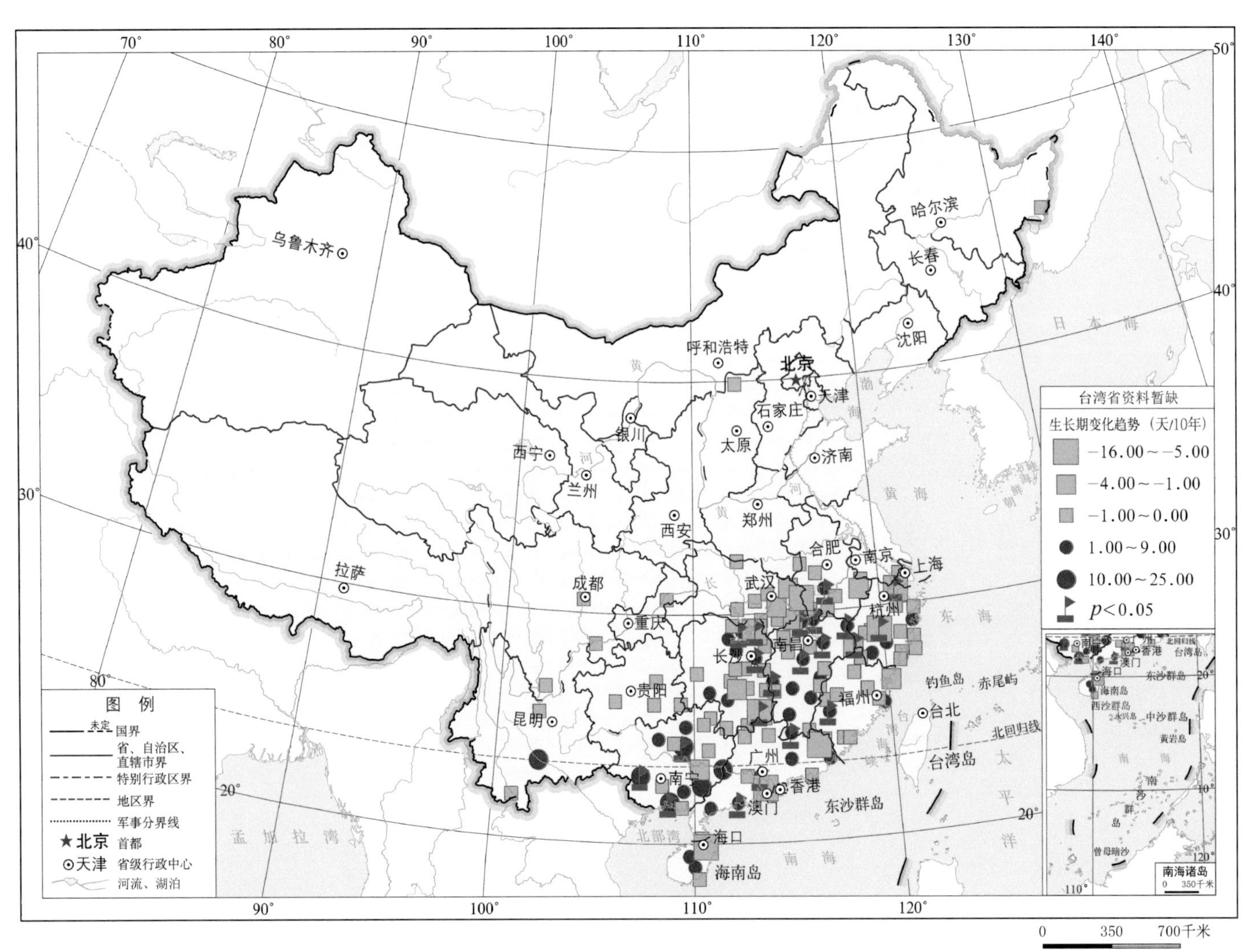

图 2-7　1981—2009 年早稻生长期长度变化趋势

早稻的生长期长度变化主要呈缩短趋势，尤其在湖北省和浙江省呈显著缩短趋势，平均每 10 年缩短了 1.00～4.00 天。

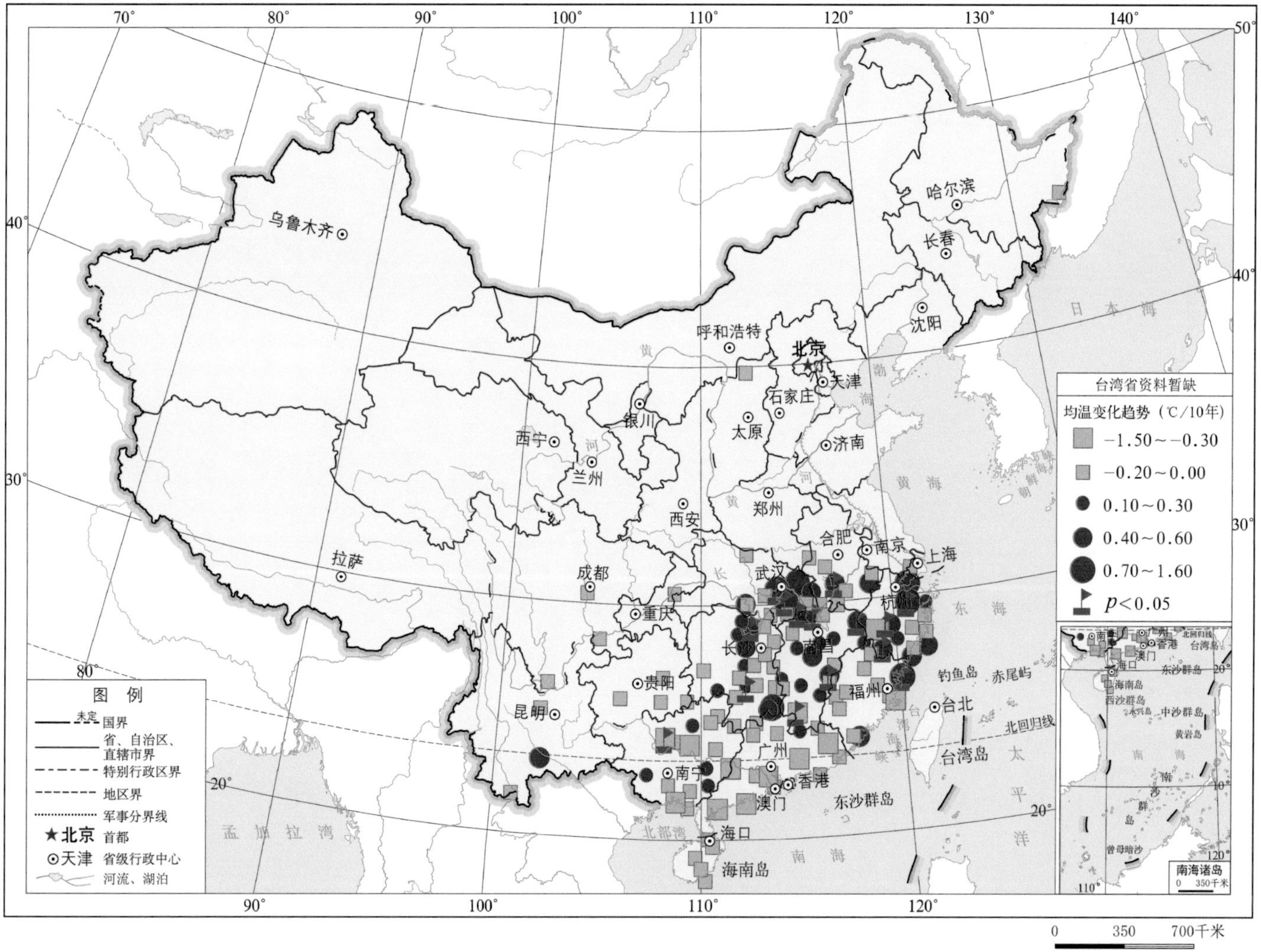

图 2-8　1981—2009 年早稻生长期均温变化趋势

早稻的生长期平均温度（简称均温）在长江中下游地区主要呈升高趋势，显著升高趋势的站点主要集中在湖北省、湖南省和浙江省，平均每 10 年升高了 0.70～1.60℃。

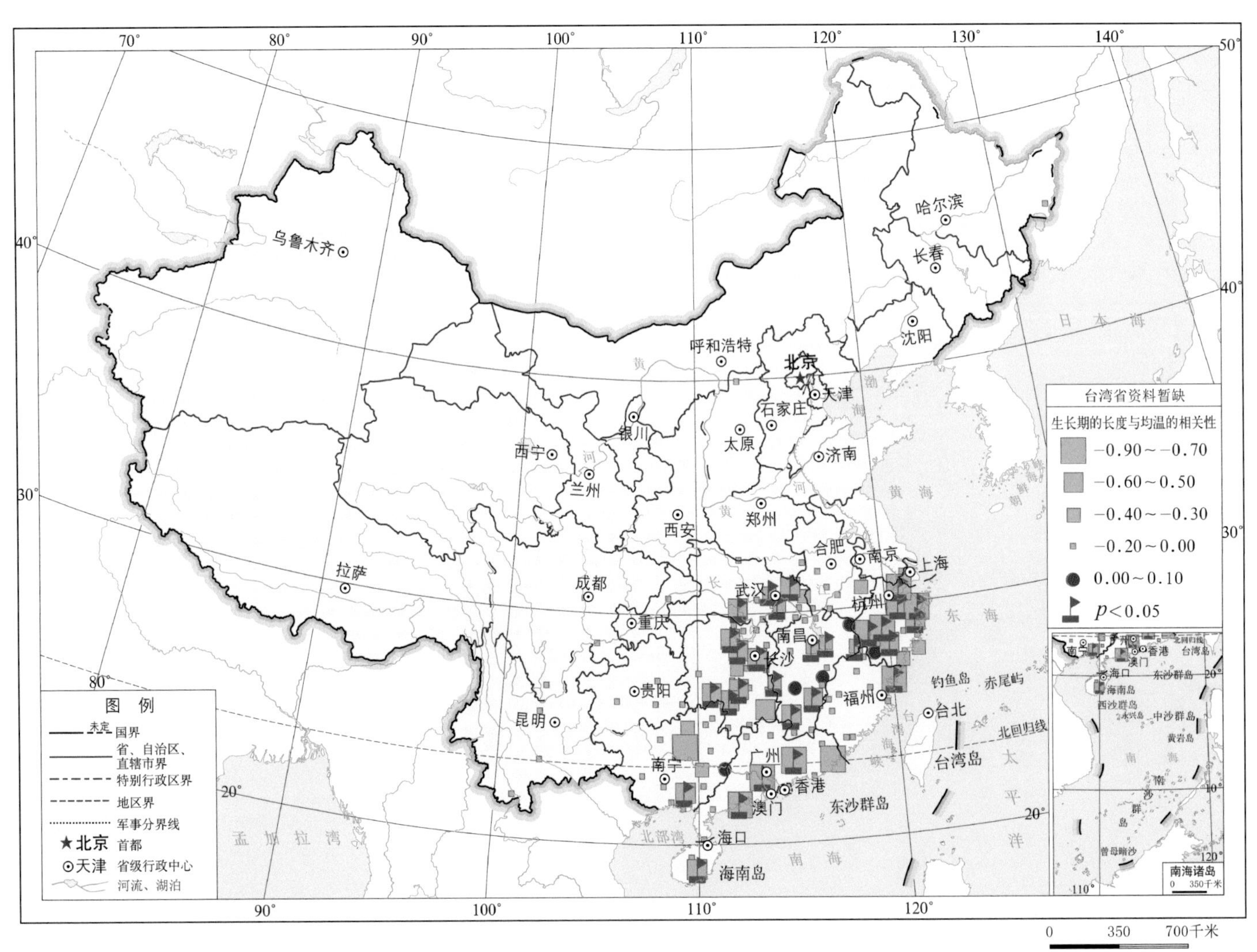

图 2-9　1981—2009 年早稻生长期长度与均温的相关性

早稻的生长期长度与均温呈负相关，在广东省、湖南省、湖北省、安徽省和浙江省主要呈显著负相关。

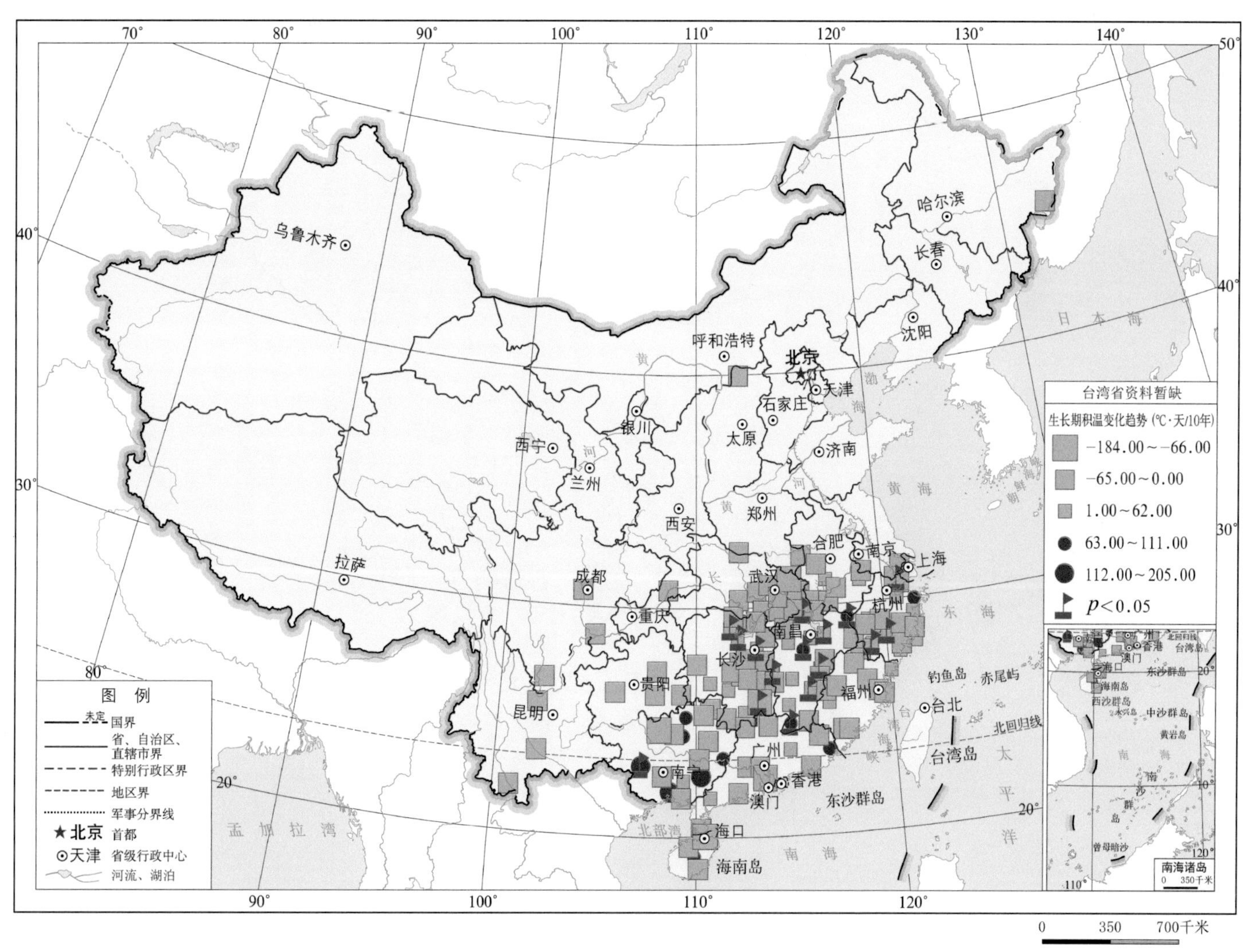

图 2-10 1981—2009 年早稻生长期积温变化趋势

早稻的生长期积温变化呈减少趋势，尤其在湖南省、安徽省和浙江省主要呈显著减少趋势，平均每 10 年减少了 66～184℃·天。

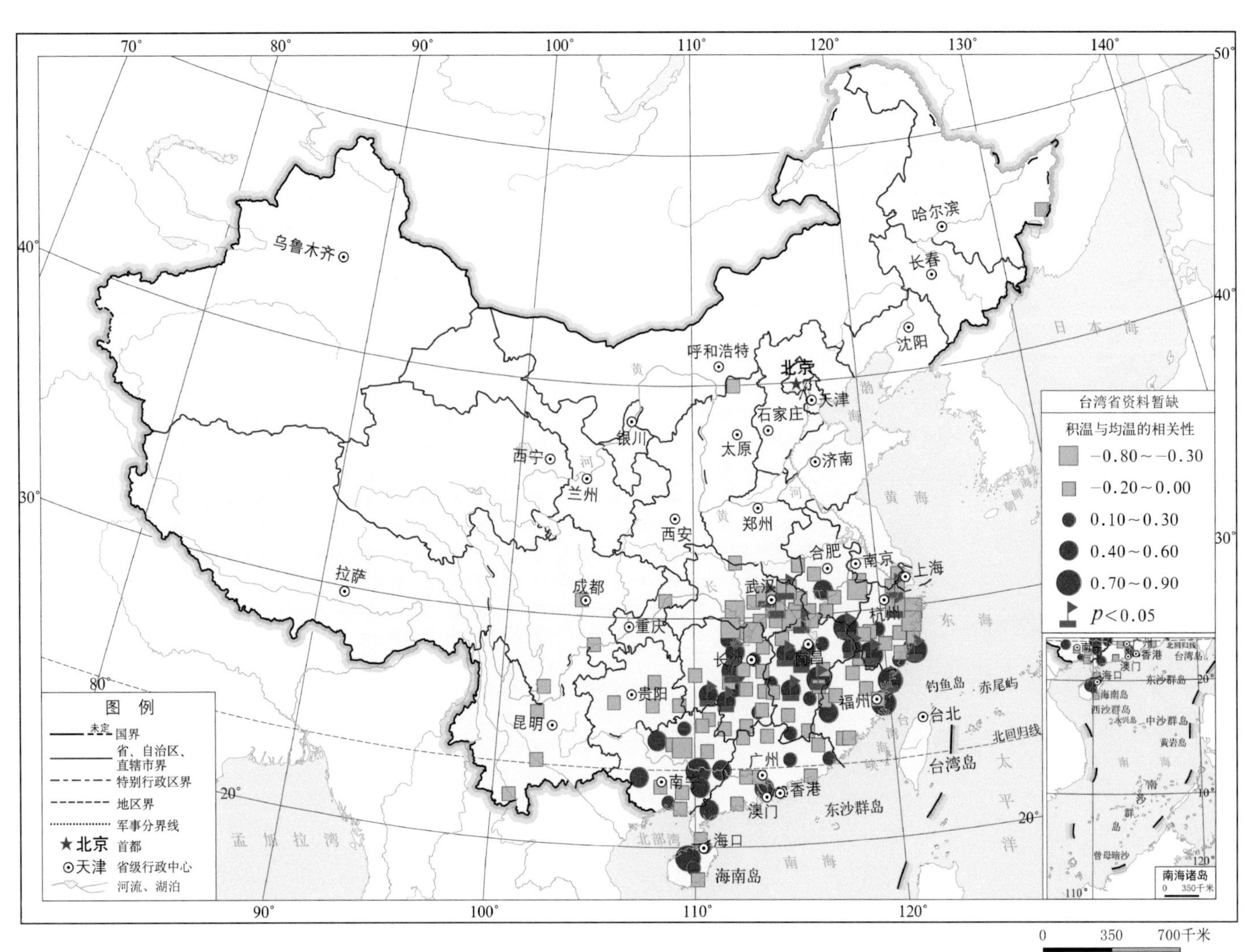

图 2-11 1981—2009 年早稻生长期积温与均温相关性

早稻的生长期积温与均温呈正相关，尤其在湖南省、江西省和浙江省呈显著正相关。

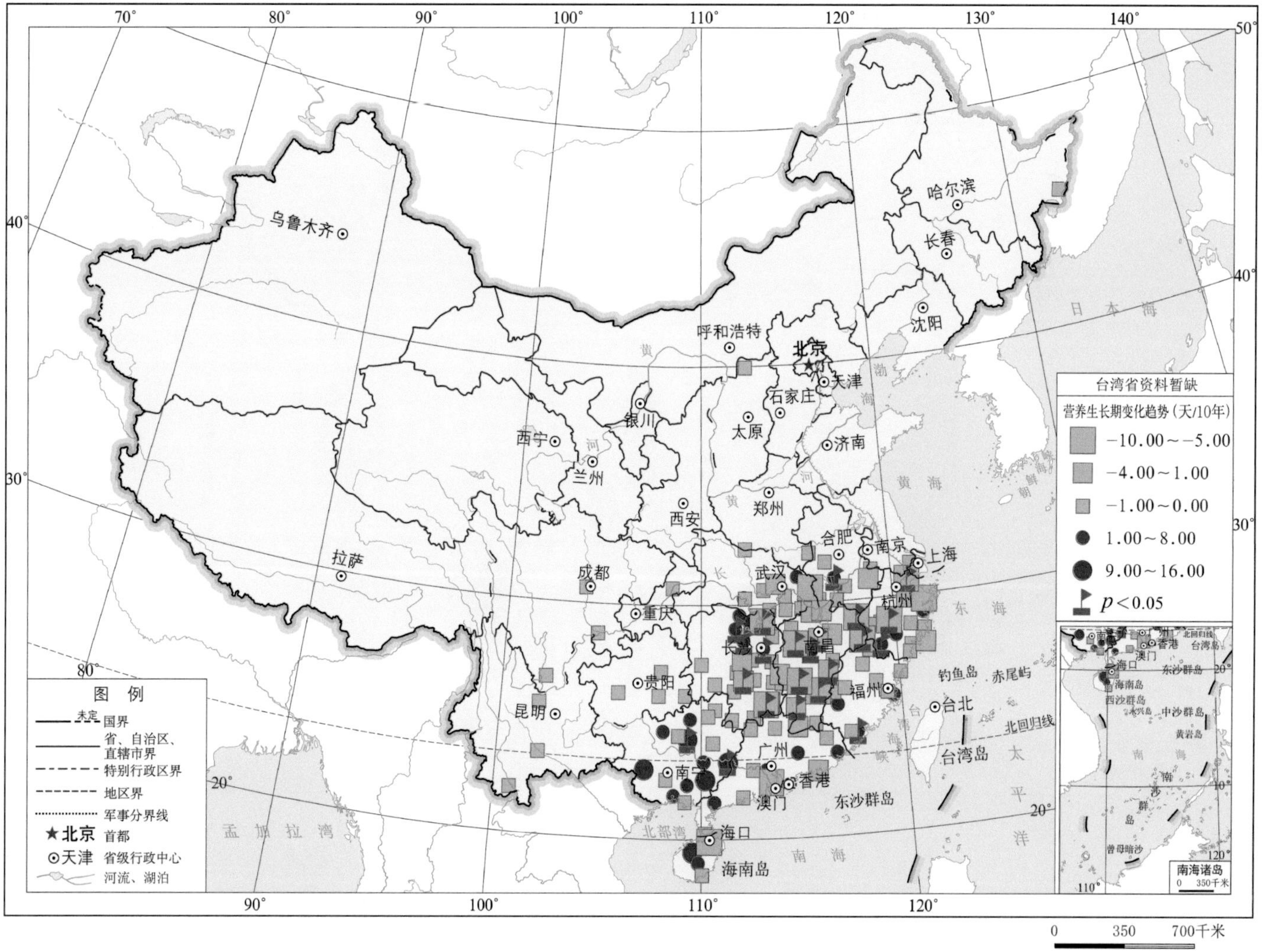

图 2-12 1981—2009 年早稻营养生长期长度变化趋势

早稻的营养生长期长度变化主要呈缩短趋势，尤其在湖北省、湖南省、江西省和浙江省呈显著缩短趋势，平均每 10 年缩短了 5.00～10.00 天。

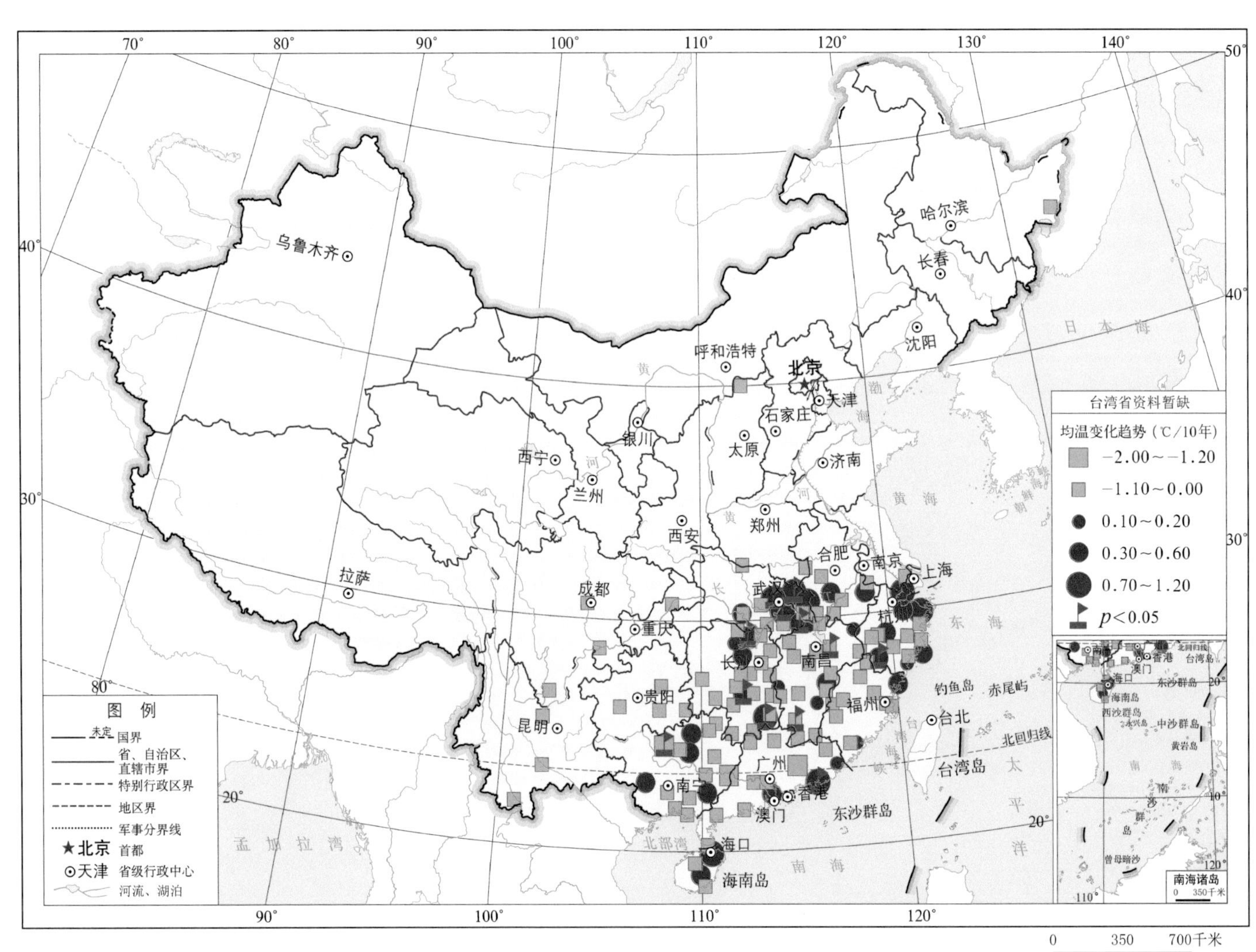

图 2-13　1981—2009 年早稻营养生长期均温变化趋势

早稻的营养生长期的温度主要呈现升高的趋势，在湖北省、湖南省和浙江省主要呈显著升高趋势，平均每 10 年升高了 0.10～0.60℃。

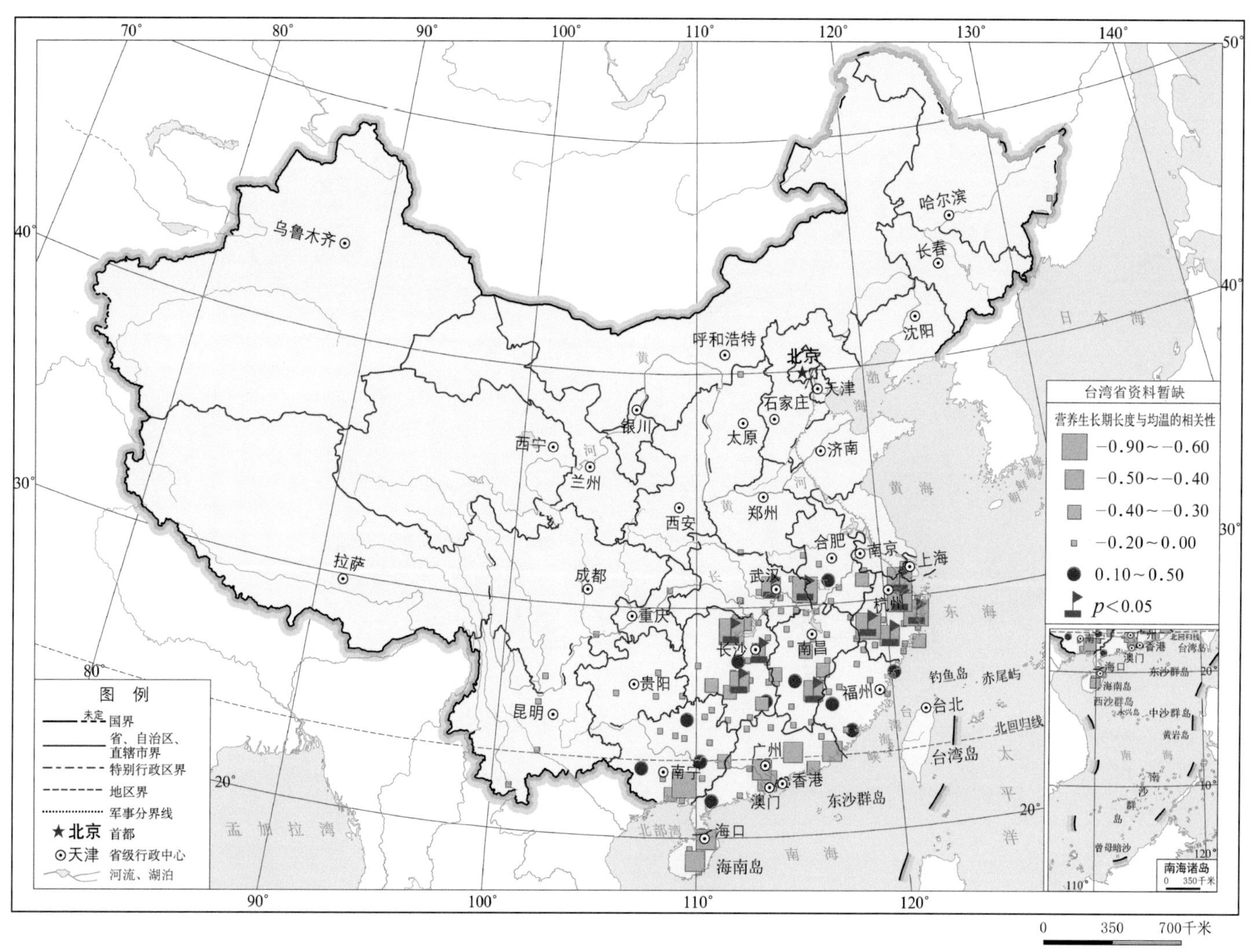

图 2-14 1981—2009 年早稻营养生长期长度与均温相关性

早稻的营养生长期长度与均温呈负相关，其中在湖北省、湖南省、浙江省呈显著负相关。

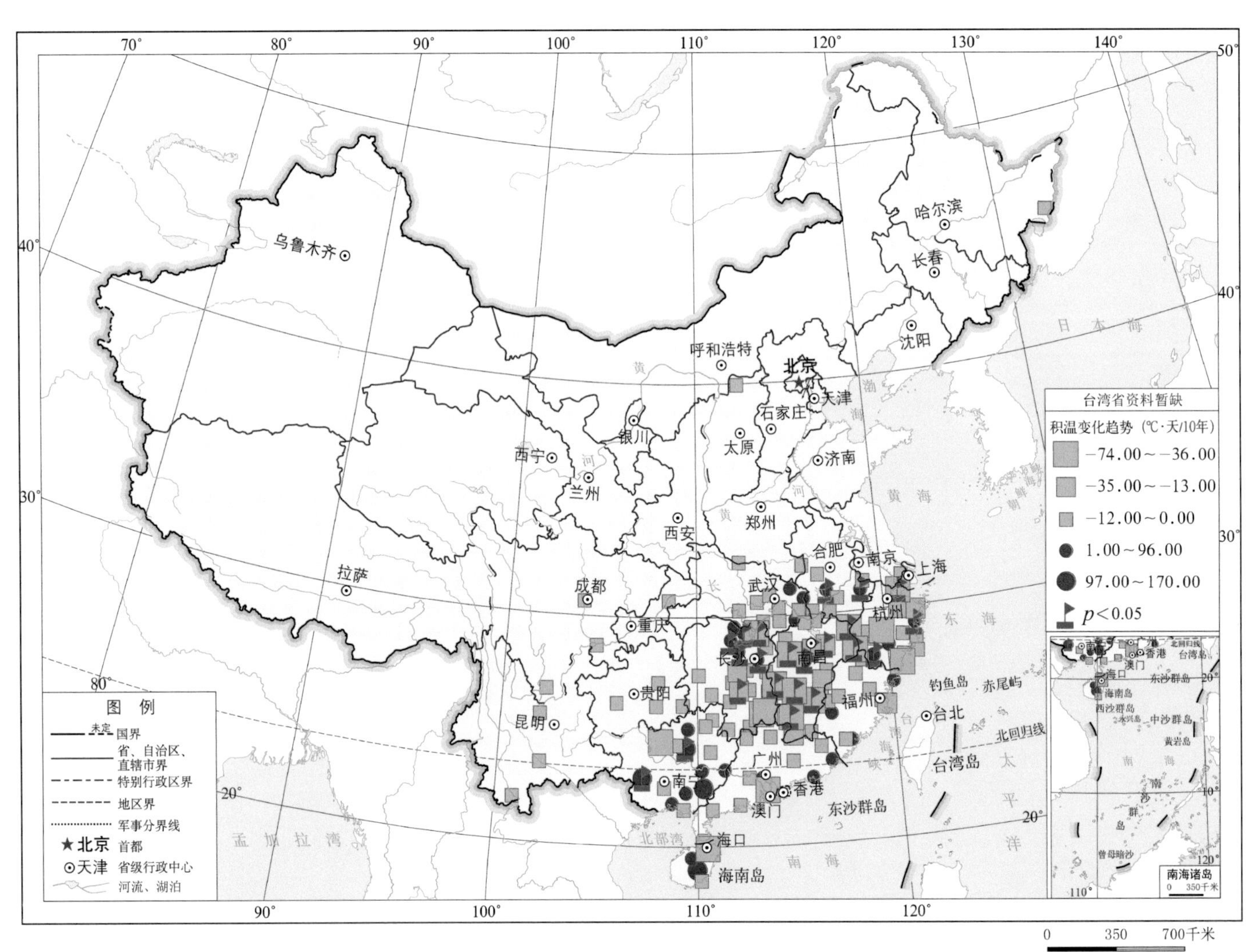

图 2-15　1981—2009 年早稻营养生长期积温变化趋势

早稻的营养生长期积温呈减少趋势，其中在湖北省、湖南省、江西省和浙江省呈显著减少趋势，平均每 10 年减少了 36.00～74.00℃·天。

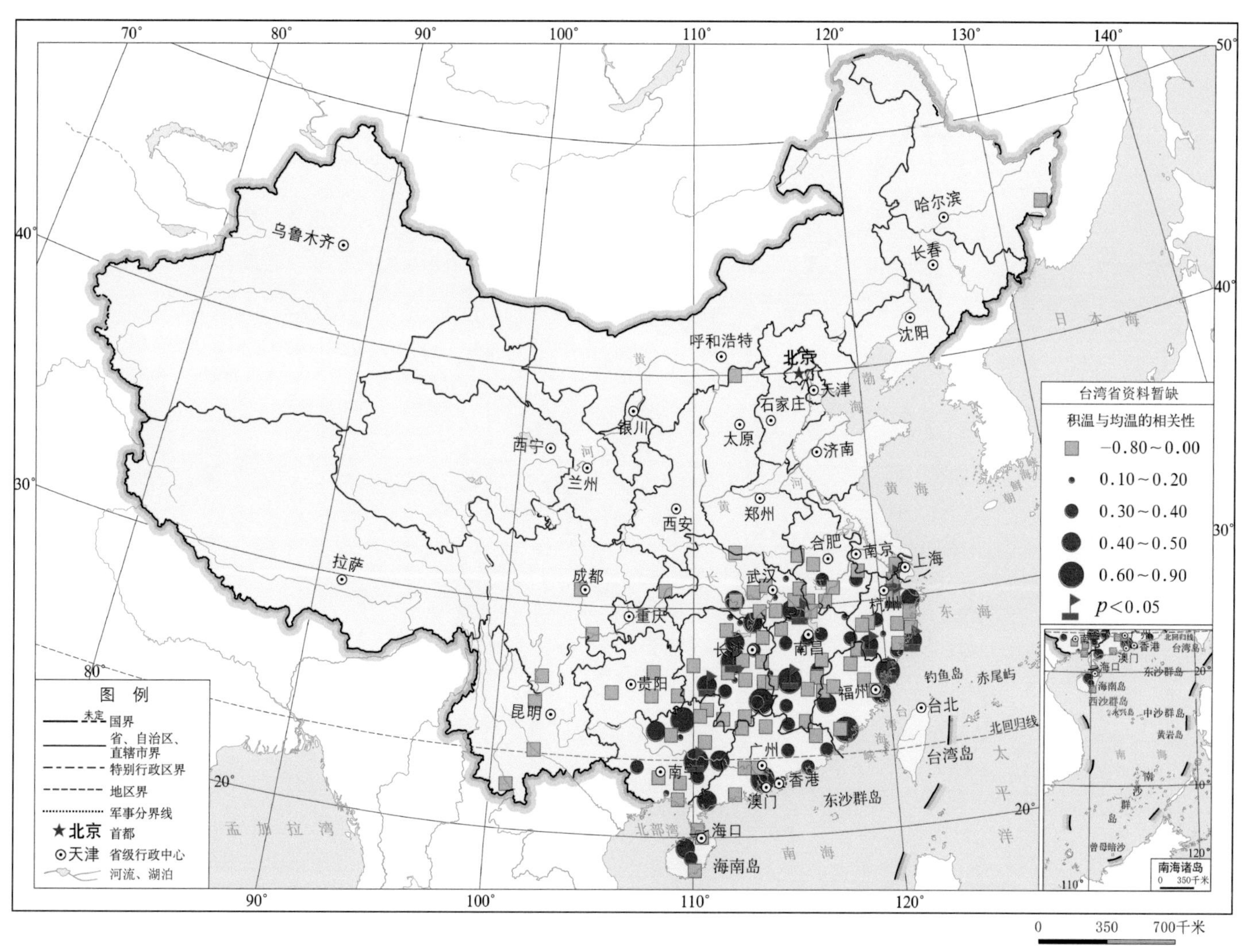

图 2-16　1981—2009 年早稻营养生长期积温与均温的相关性

早稻营养生长期积温与均温呈正相关，其中在湖南省、广西壮族自治区和浙江省呈显著正相关。

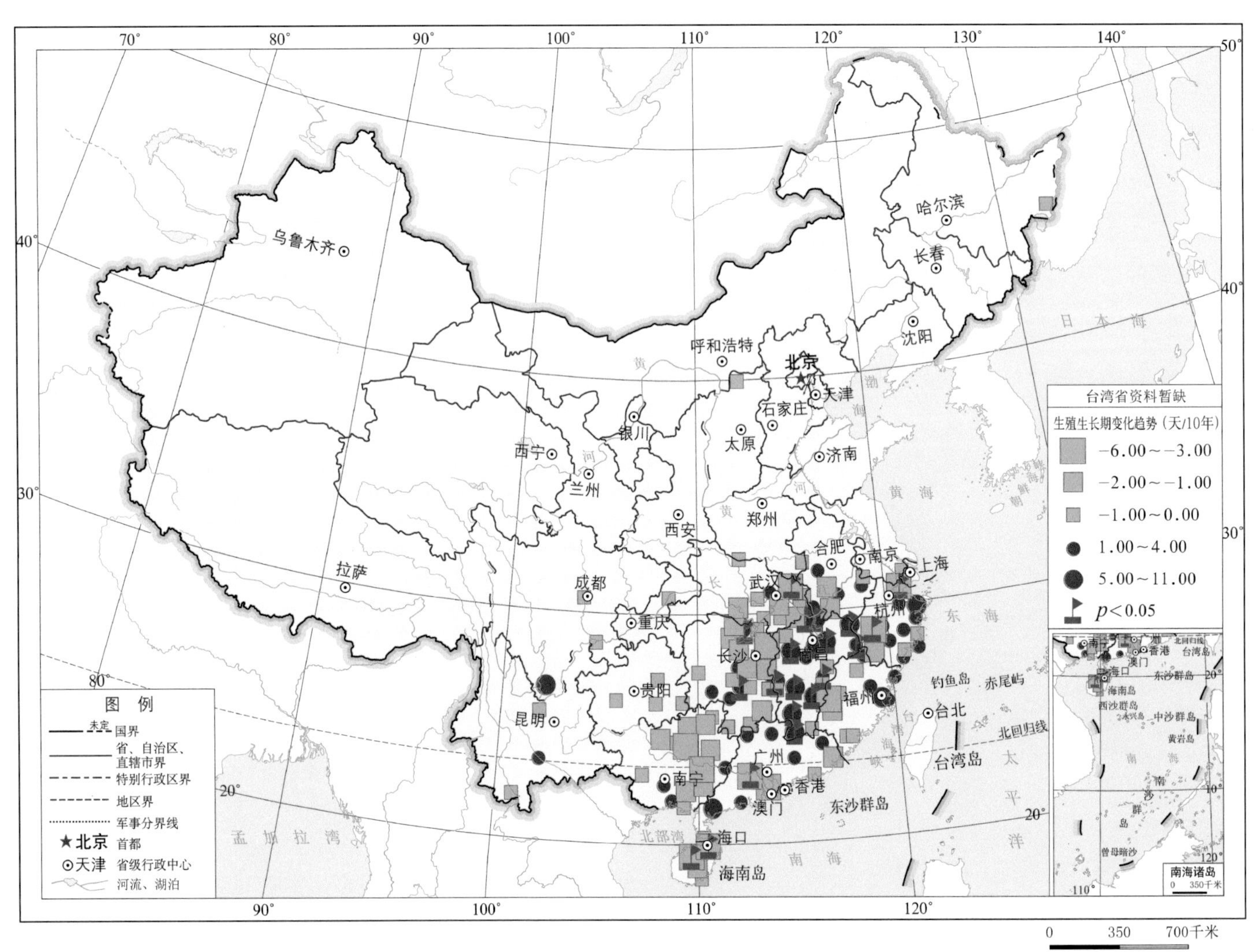

图 2-17　1981—2009 年早稻生殖生长期长度变化趋势

早稻的生殖生长期长度变化呈缩短趋势，其中在湖北省、湖南省和云南省呈显著缩短趋势，平均每 10 年缩短了 3～6 天。

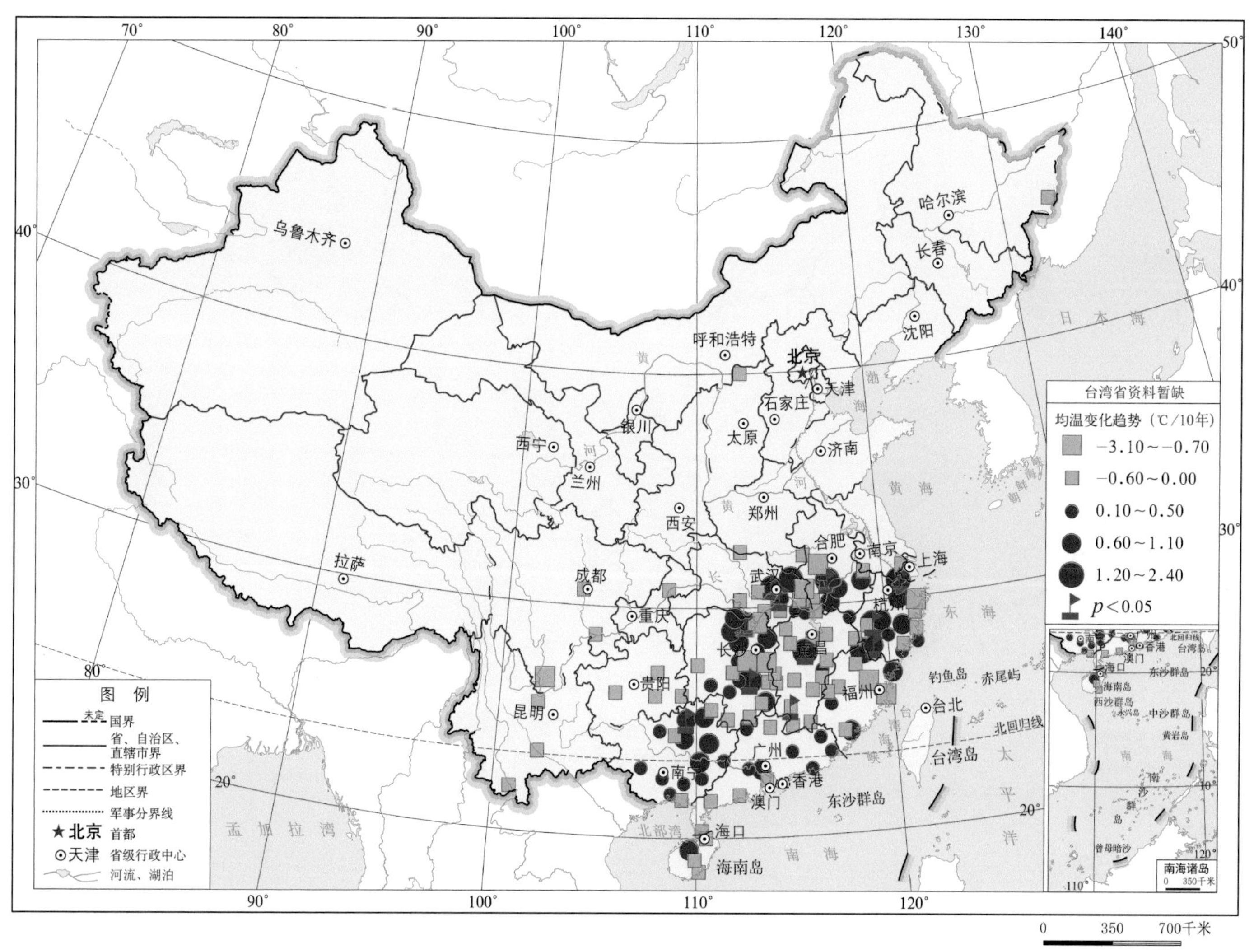

图 2–18　1981—2009 年早稻生殖生长期均温变化趋势

早稻生殖生长期的均温主要呈增加趋势，其中在湖北省、湖南省和浙江省呈显著增加趋势，平均每 10 年增加了 1.20～2.40℃。

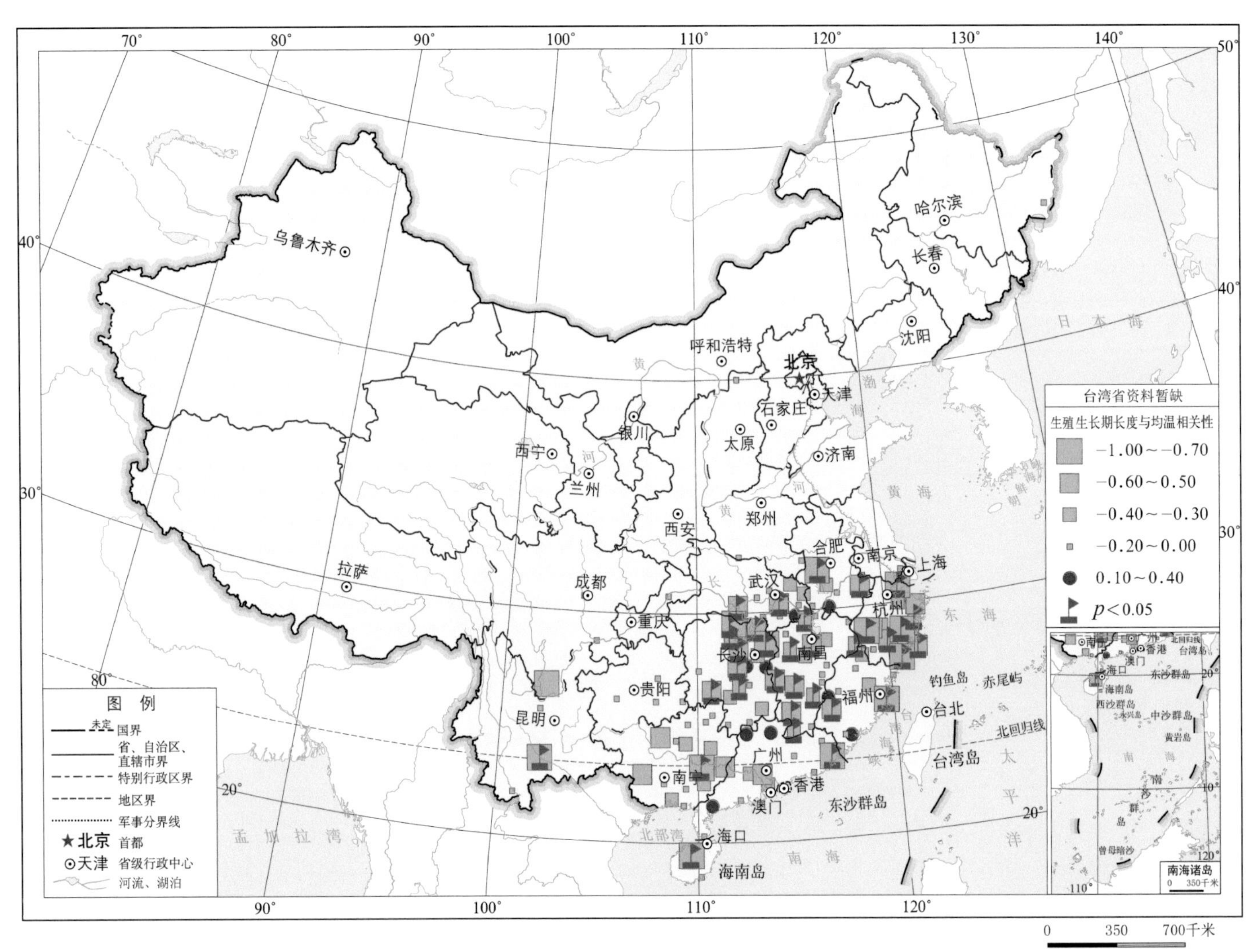

图 2-19 1981—2009 年早稻生殖生长期长度与均温相关性

早稻生殖生长期长度与均温呈负相关，其中在湖南省和浙江省呈显著负相关。

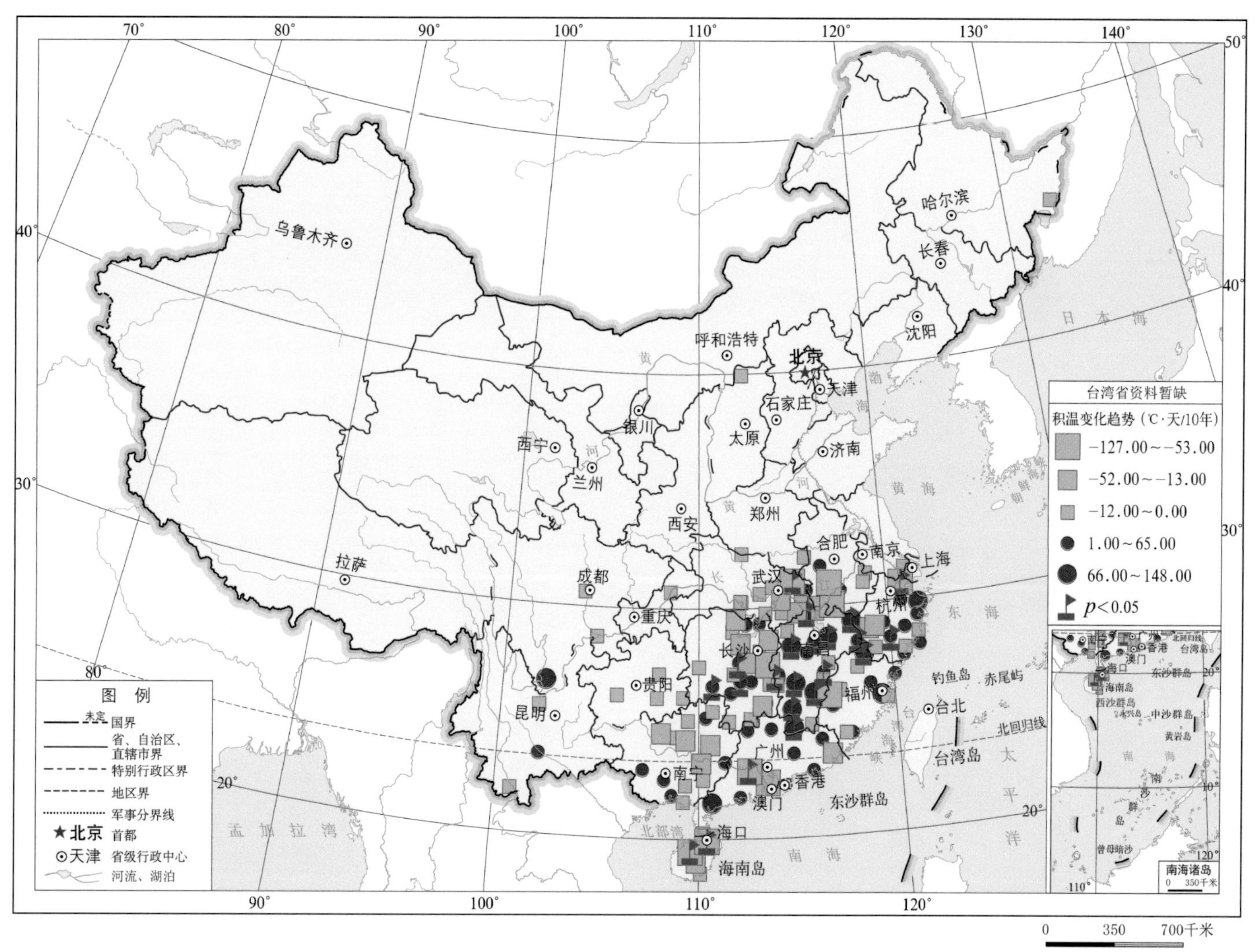

图 2-20 1981—2009 年早稻生殖生长期积温变化趋势

早稻生殖生长期积温呈减少趋势，其中在湖南省、江西省和海南省呈显著减少趋势，第 10 年减少了 13.00～52.00℃·天。

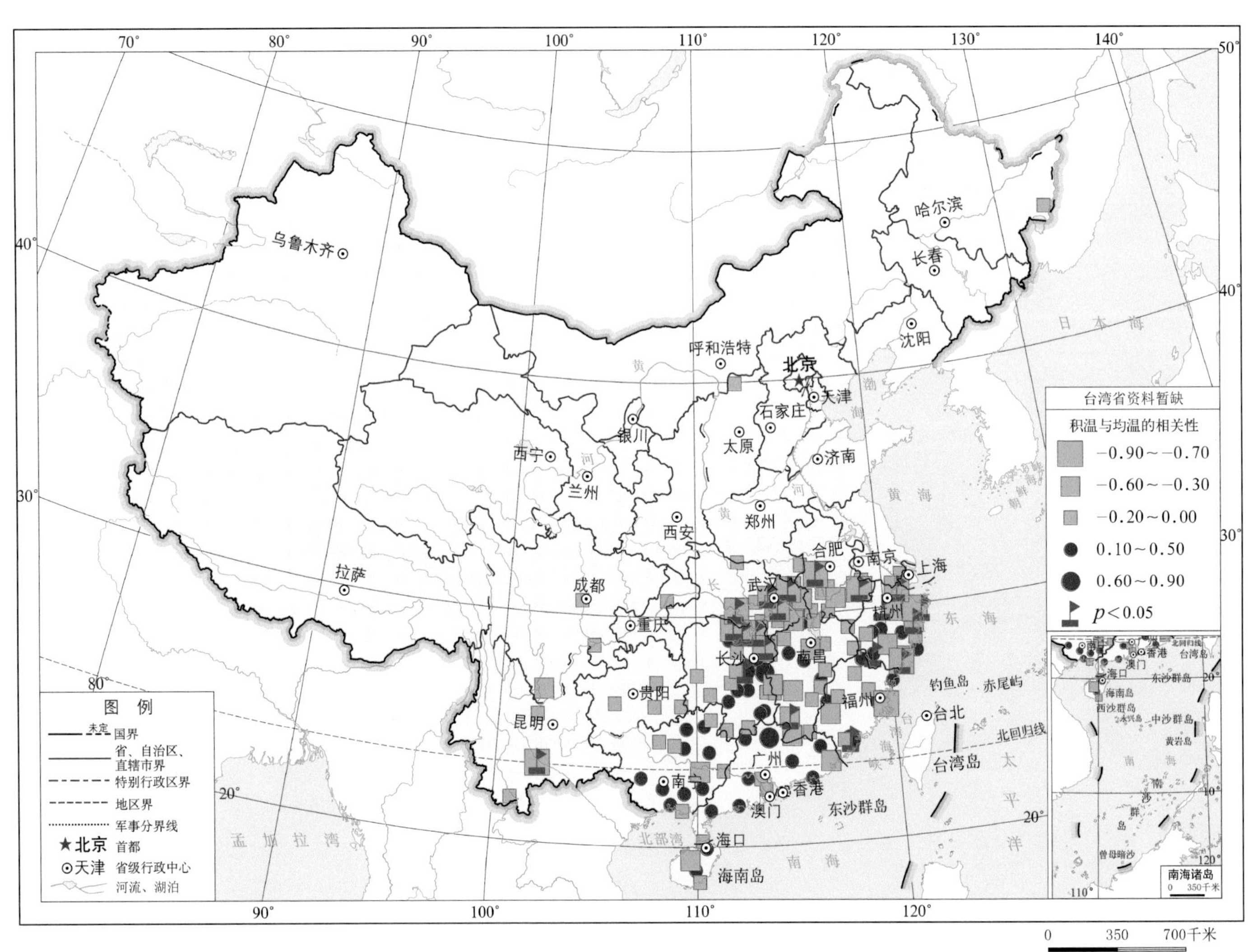

图 2-21　1981—2009 年早稻生殖生长期积温与均温相关性

早稻生殖生长期积温与均温主要呈正相关，其中在湖北省、湖南省、安徽省和浙江省呈显著正相关。

第三部分

晚稻物候时空变化特征

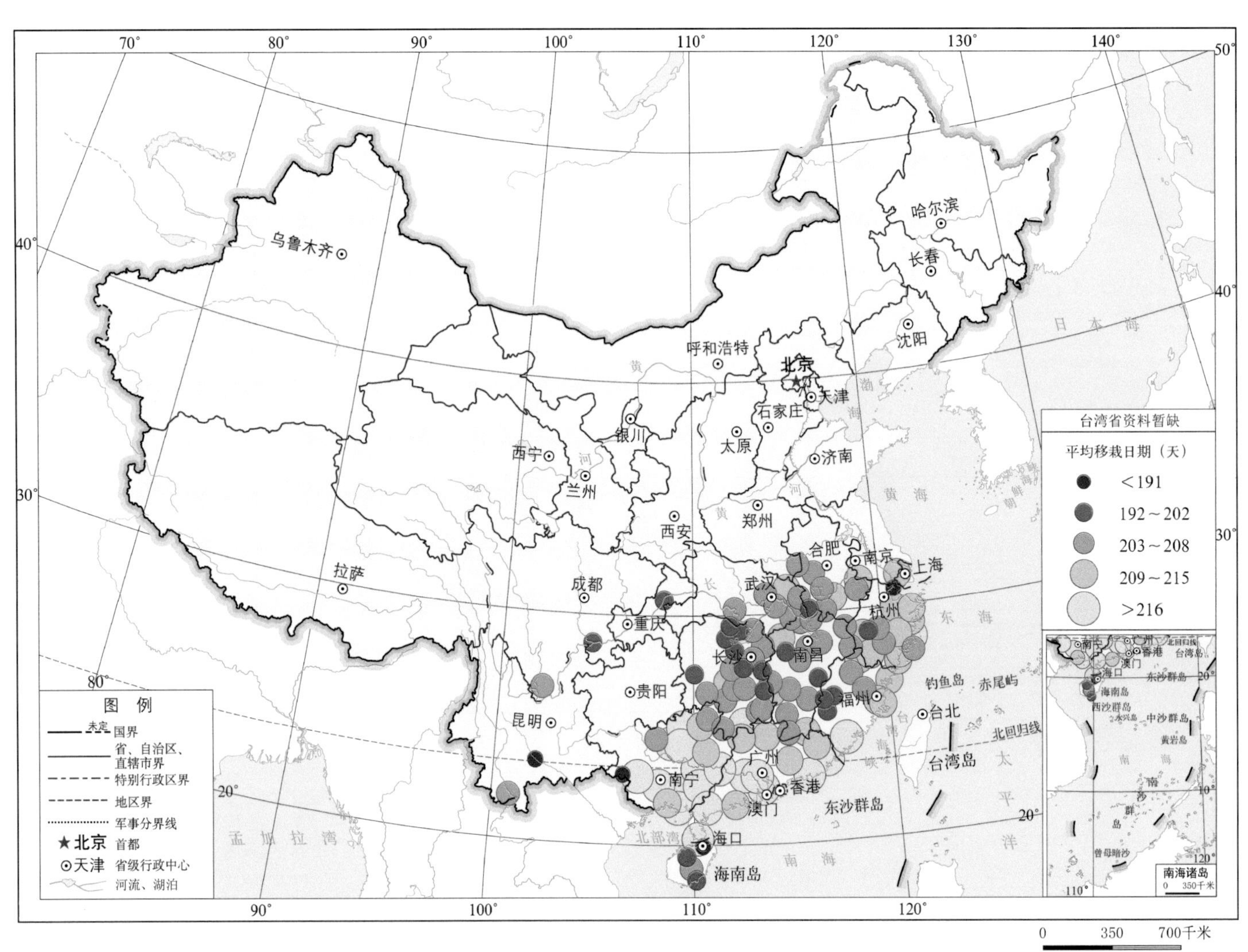

图 3-1 1981—2009 年晚稻平均移栽日期

晚稻主要种植区域在中国南方，平均移栽日期主要集中在7月中旬。

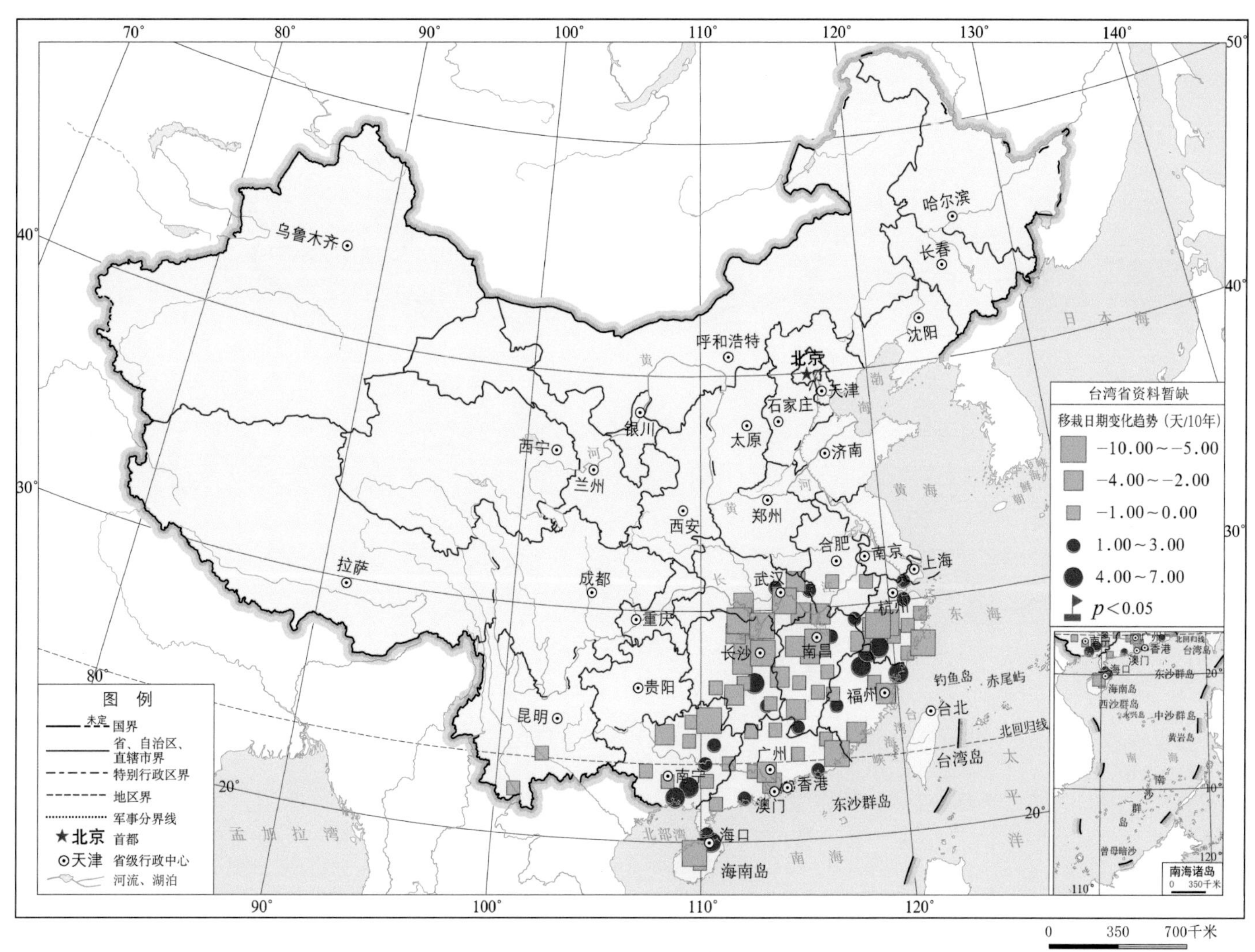

图 3-2　1981—2009 年晚稻移栽日期变化趋势

晚稻移栽日期变化呈提前趋势，其中在湖北省、湖南省和浙江省呈显著提前趋势，平均每 10 年提前 2.00～4.00 天。

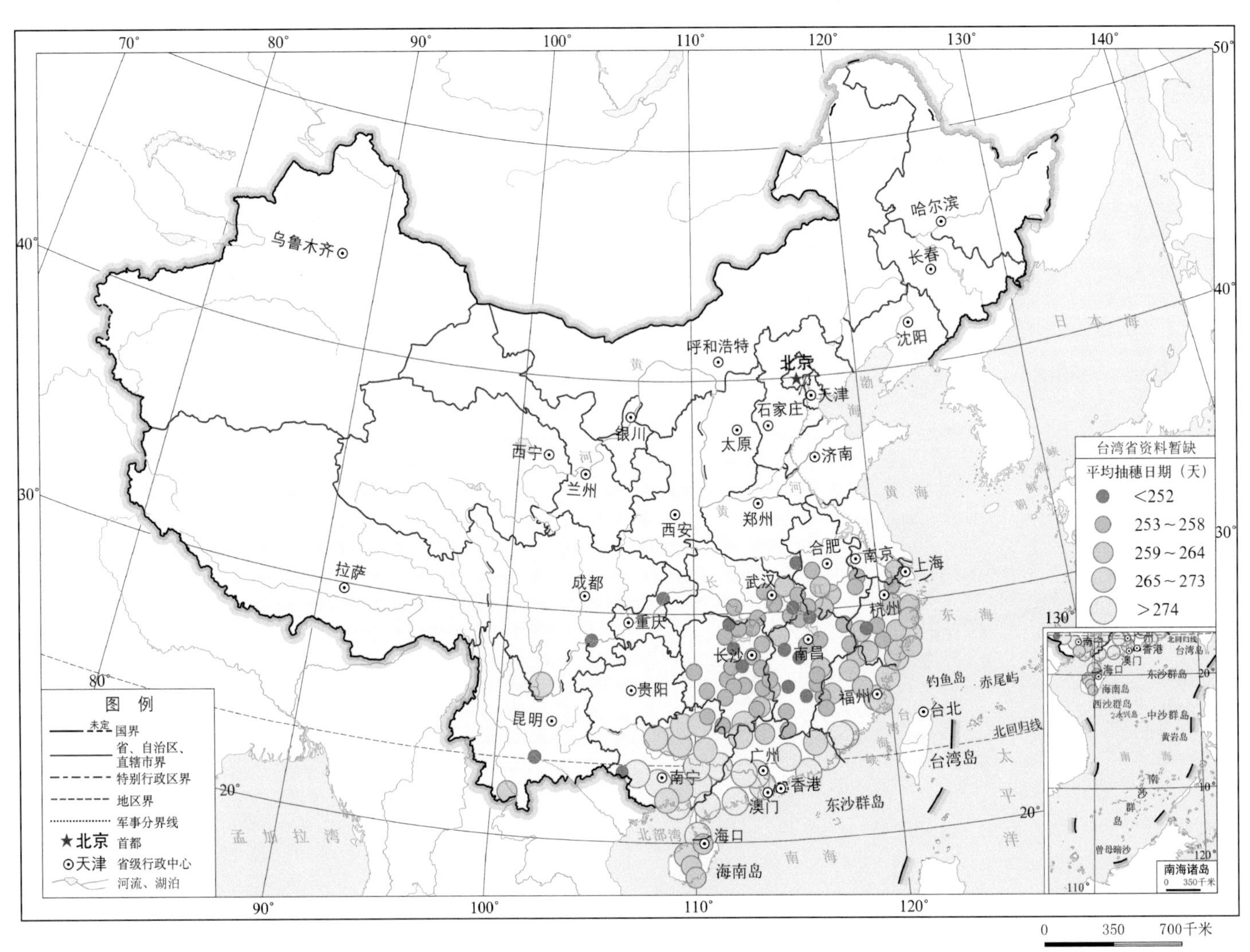

图 3-3　1981—2009 年晚稻平均抽穗日期

晚稻的平均抽穗日期主要集中在 9 月中下旬。

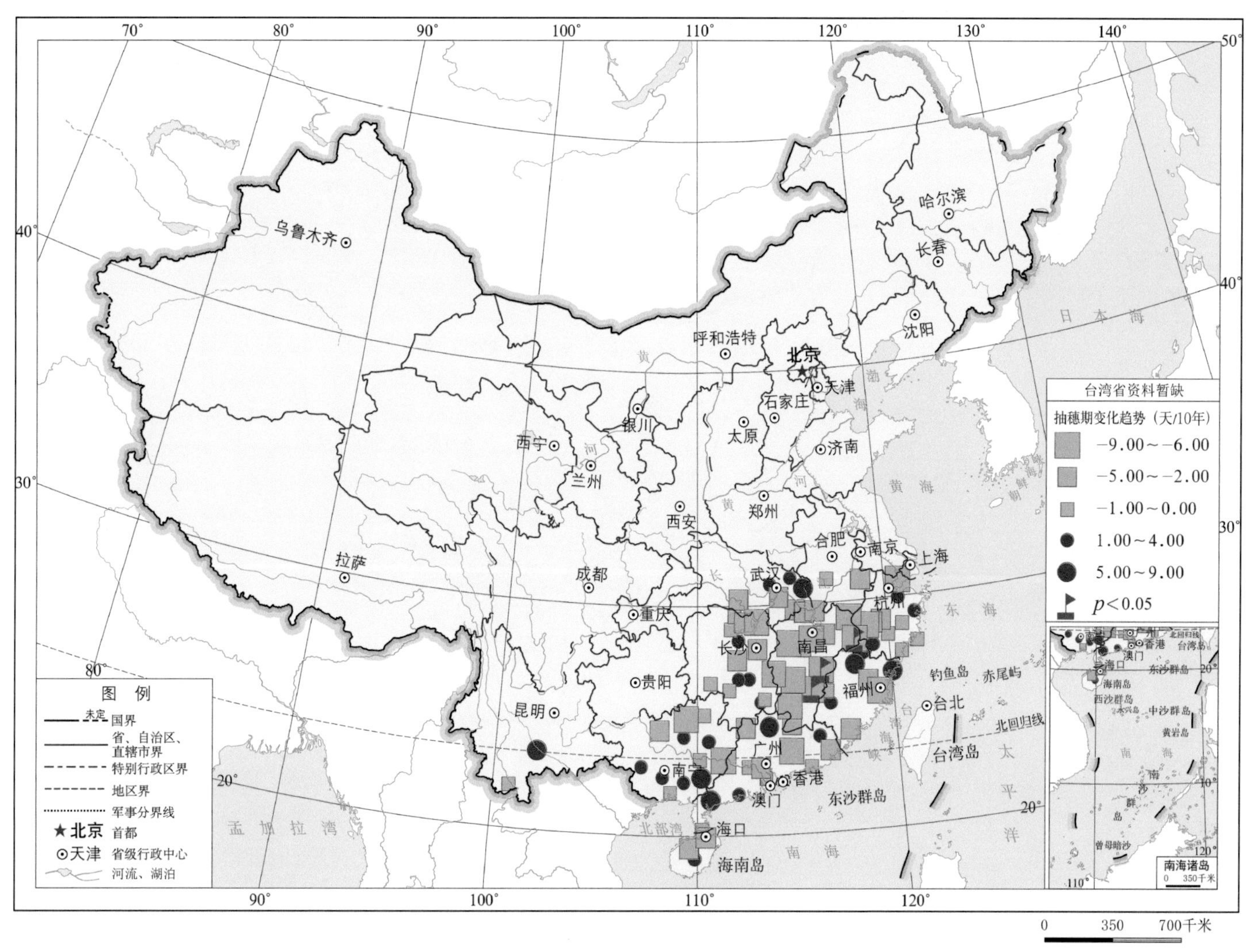

图 3-4 1981—2009 年晚稻抽穗期变化趋势

晚稻的抽穗期变化呈缩短趋势，在湖北省、湖南省、江西省和浙江省主要呈显著提前趋势，每 10 年提前了 2.00～5.00 天。

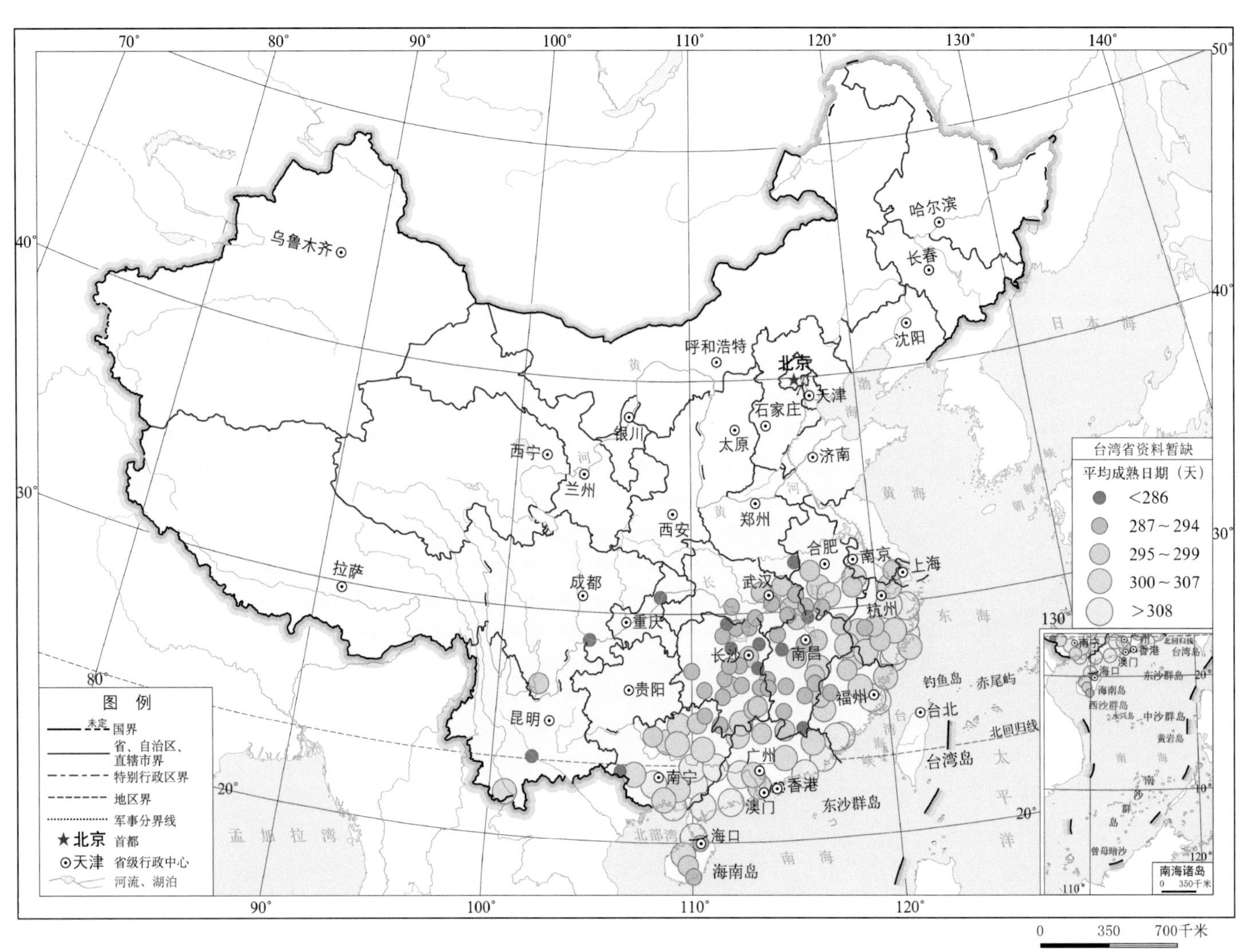

图 3-5　1981—2009 年晚稻平均成熟日期

晚稻的平均成熟日期主要集中在 10 月。

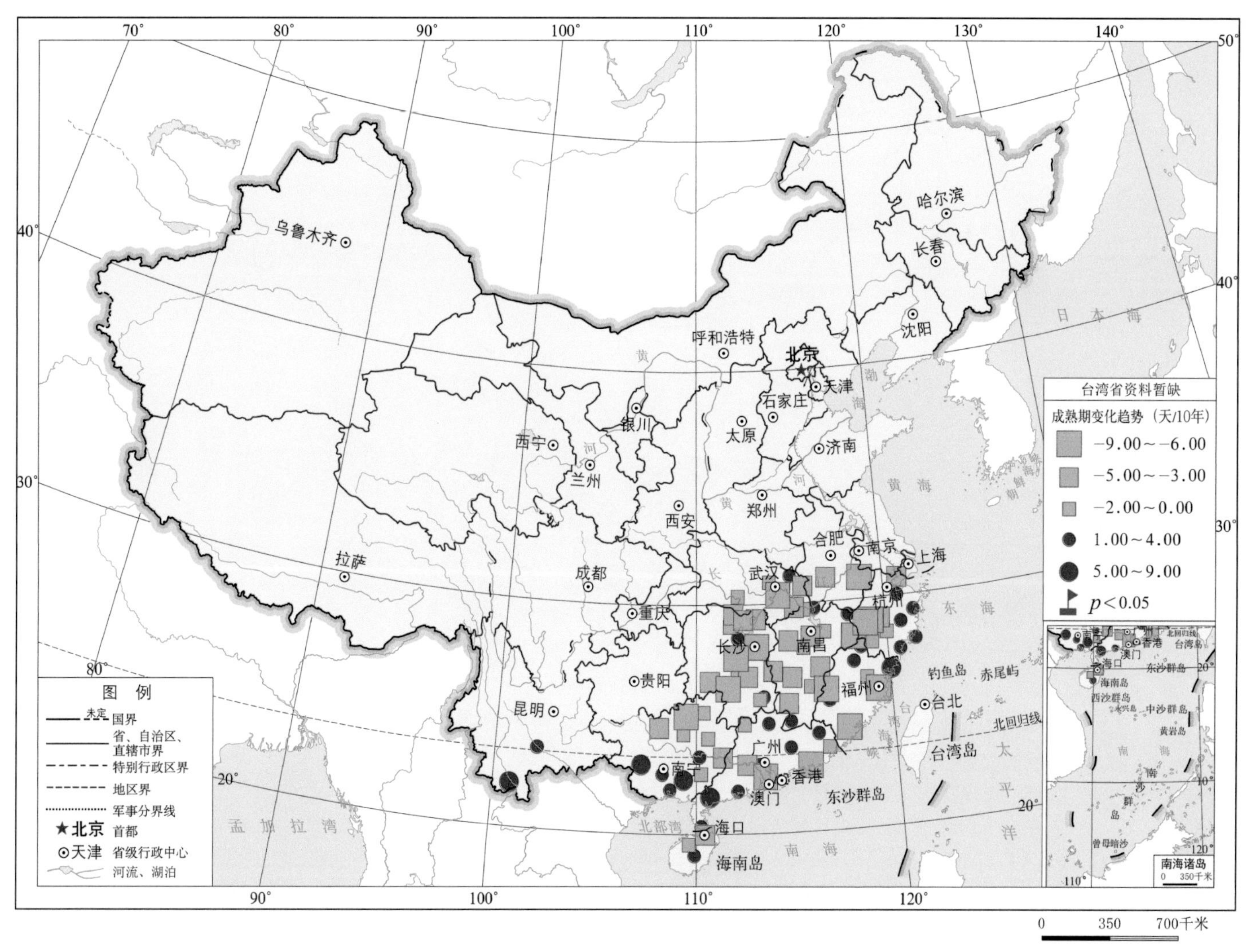

图 3-6 1981—2009 年晚稻成熟期变化趋势

晚稻的成熟期变化主要呈缩短趋势，其中在湖北省、湖南省、江西省、浙江省和福建省主要呈显著缩短趋势，平均每 10 年缩短了 6.00～9.00 天。

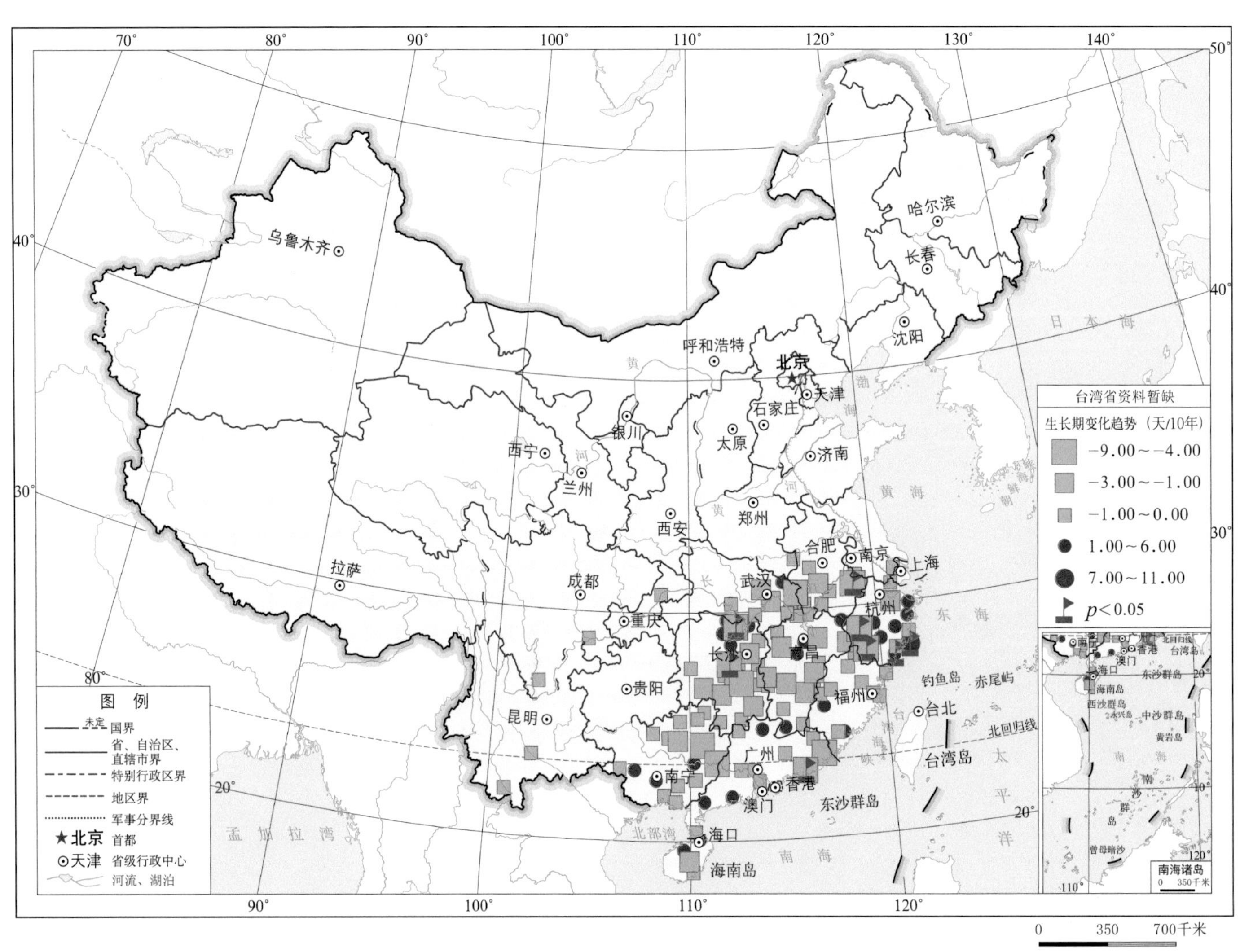

图 3-7 1981—2009 年晚稻生长期长度变化趋势

晚稻的生长期长度变化呈缩短趋势，其中在湖北省和浙江省呈显著缩短趋势，平均每 10 年缩短了 4.00～9.00 天。

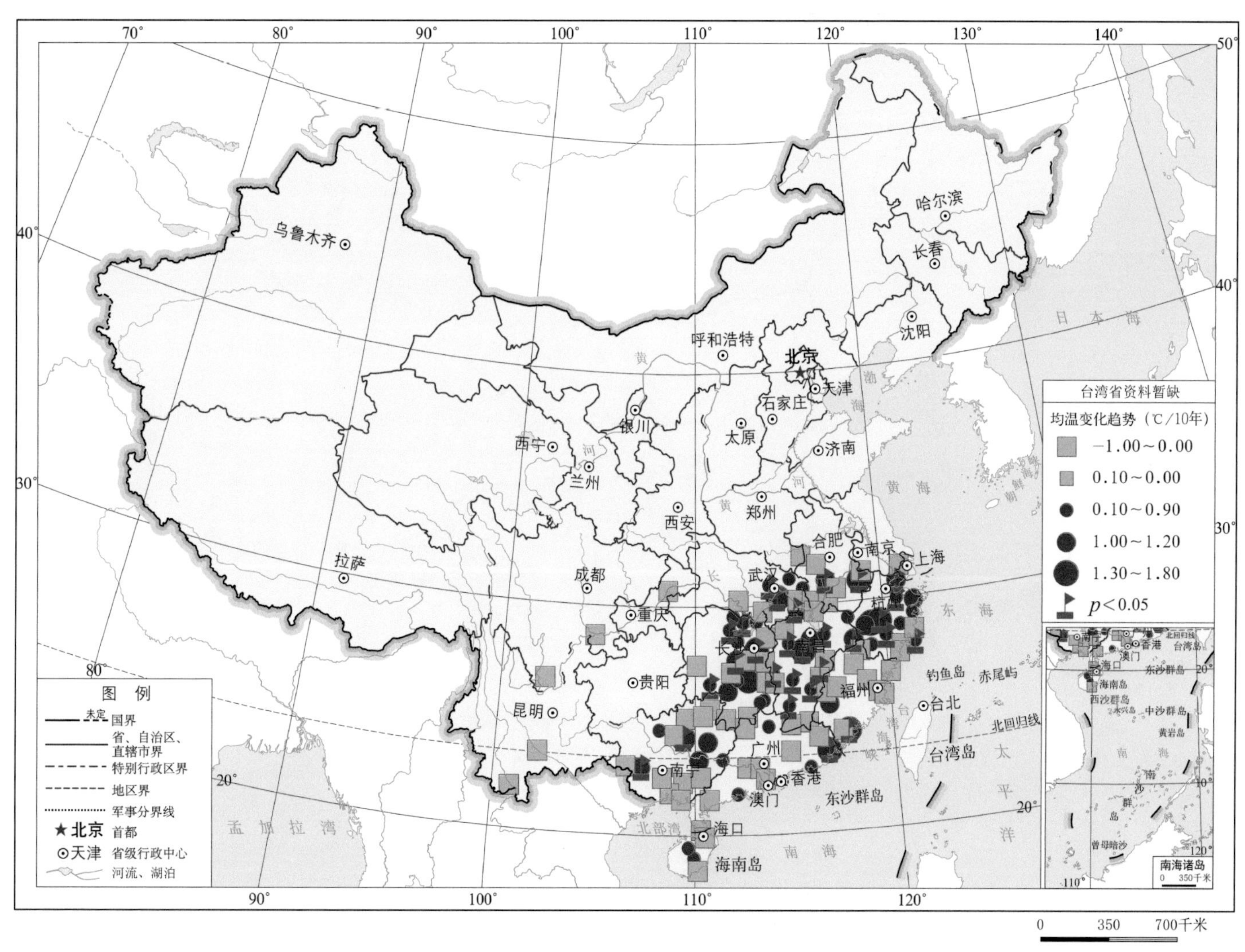

图 3-8 1981—2009 年晚稻生长期均温变化趋势

晚稻的生长期均温主要呈升高趋势，其中在湖北省、湖南省和浙江省呈显著升高趋势，平均每 10 年升高 1.00～1.20℃。

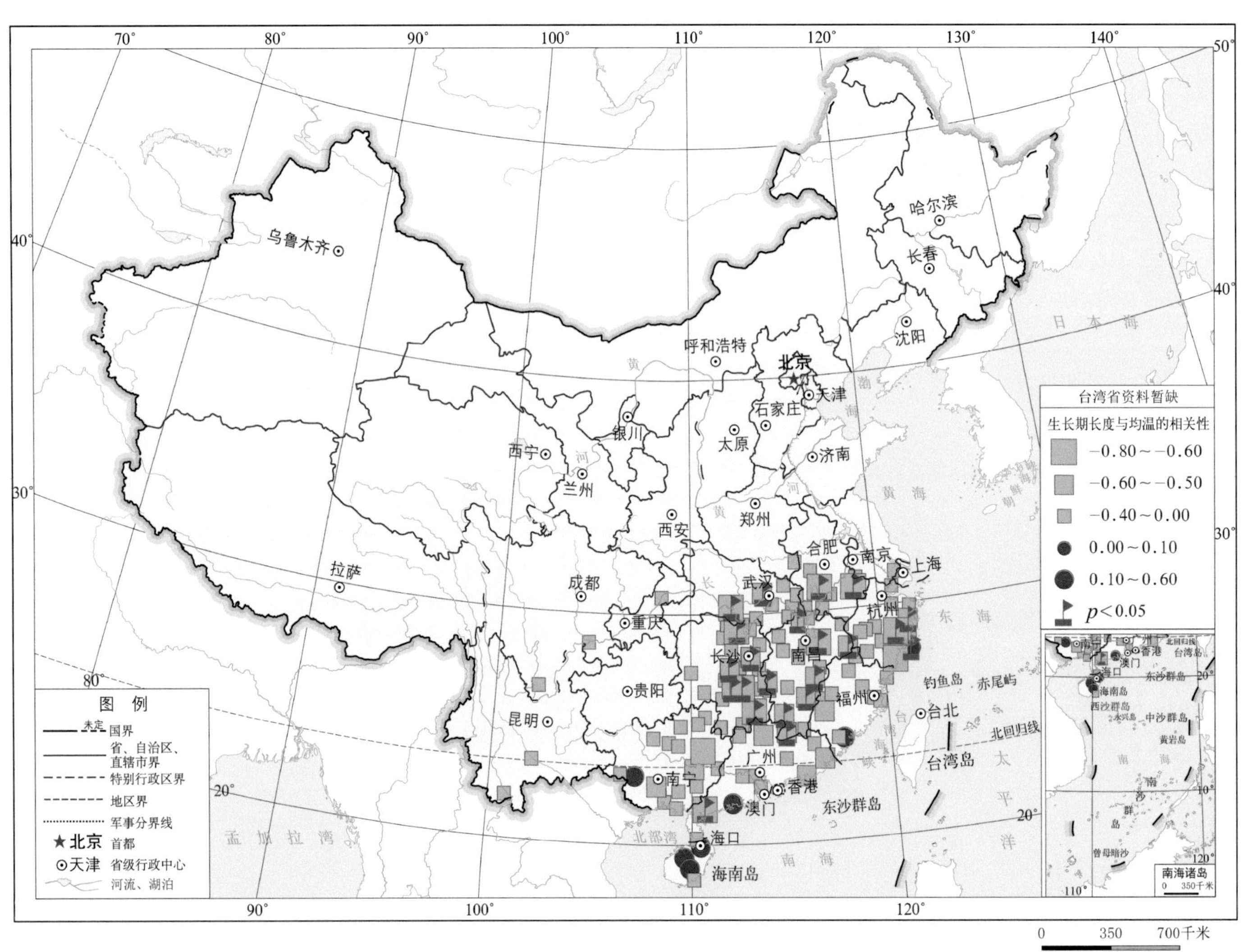

图 3-9　1981—2009 年晚稻生长期长度与均温的相关性

晚稻的生长期长度与均温呈负相关，其中在湖北省、湖南省、江西省和浙江省呈显著负相关。

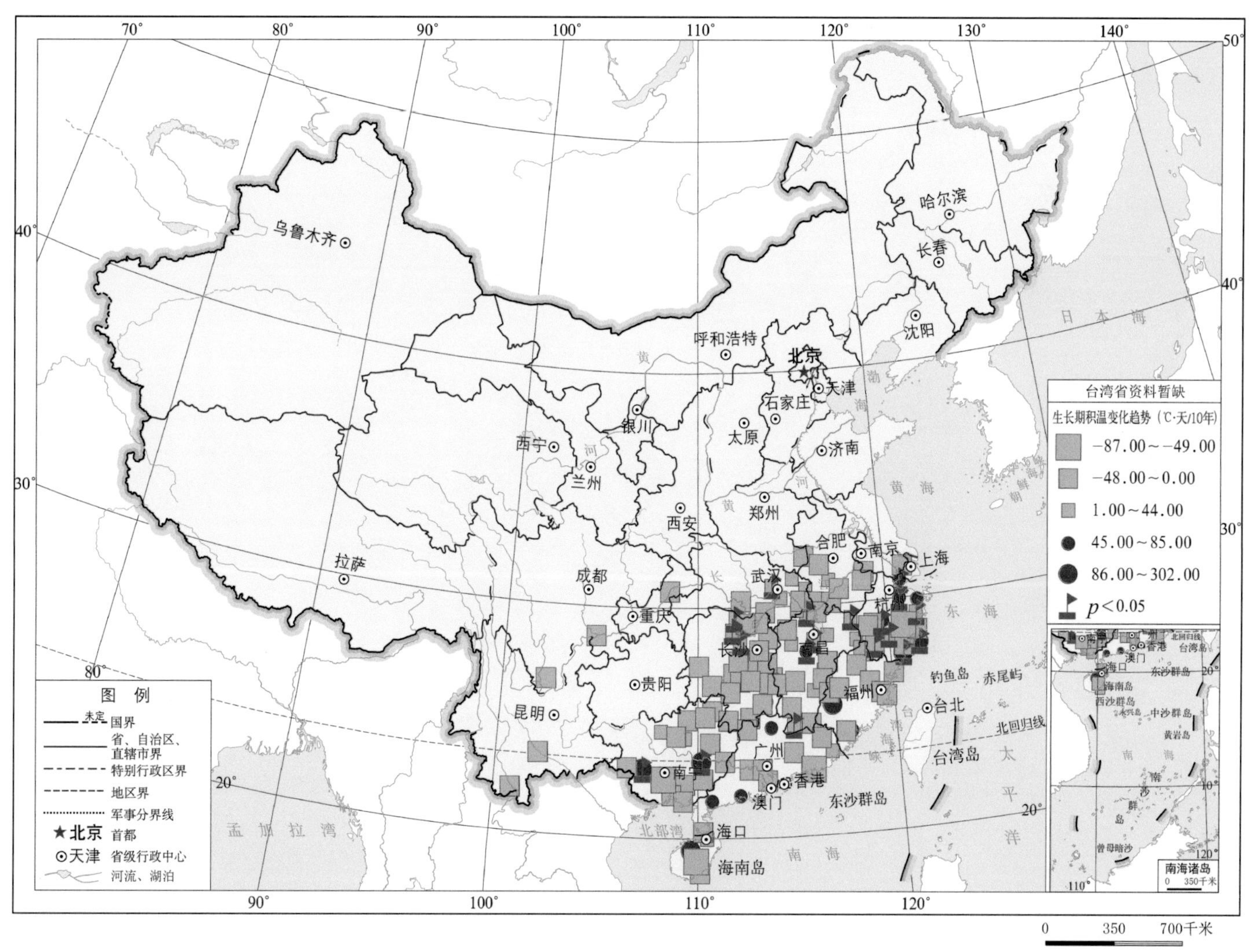

图 3-10 1981—2009 年晚稻生长期积温变化趋势

晚稻的生长期积温变化主要呈减少趋势，其中在湖北省和浙江省主要呈显著减少趋势，平均每 10 年减少了 0.00～48.00℃·天。

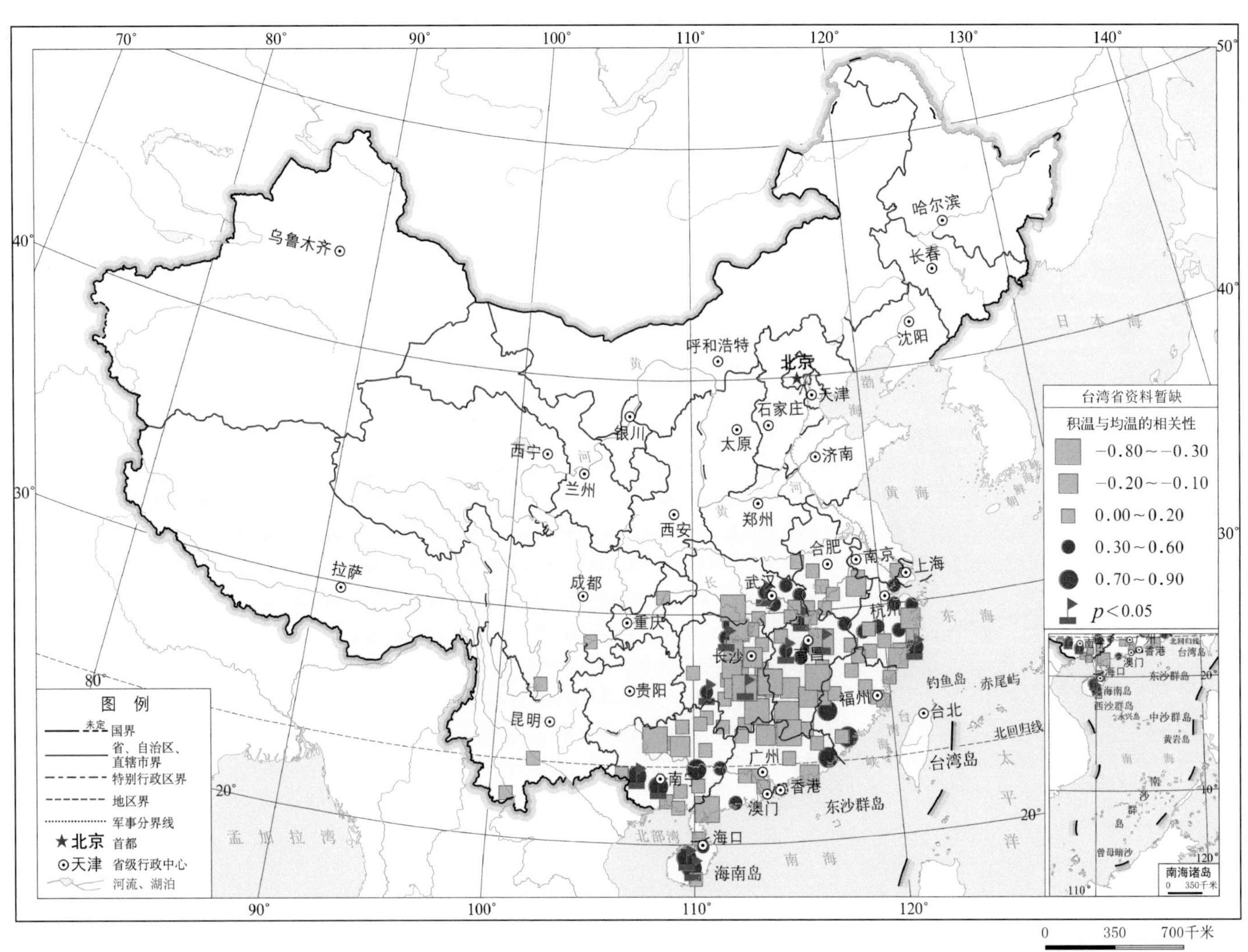

图 3-11 1981—2009 年晚稻生长期积温与均温相关性

晚稻生长期的积温与均温主要呈负相关，其中在湖北省和安徽省呈显著负相关。

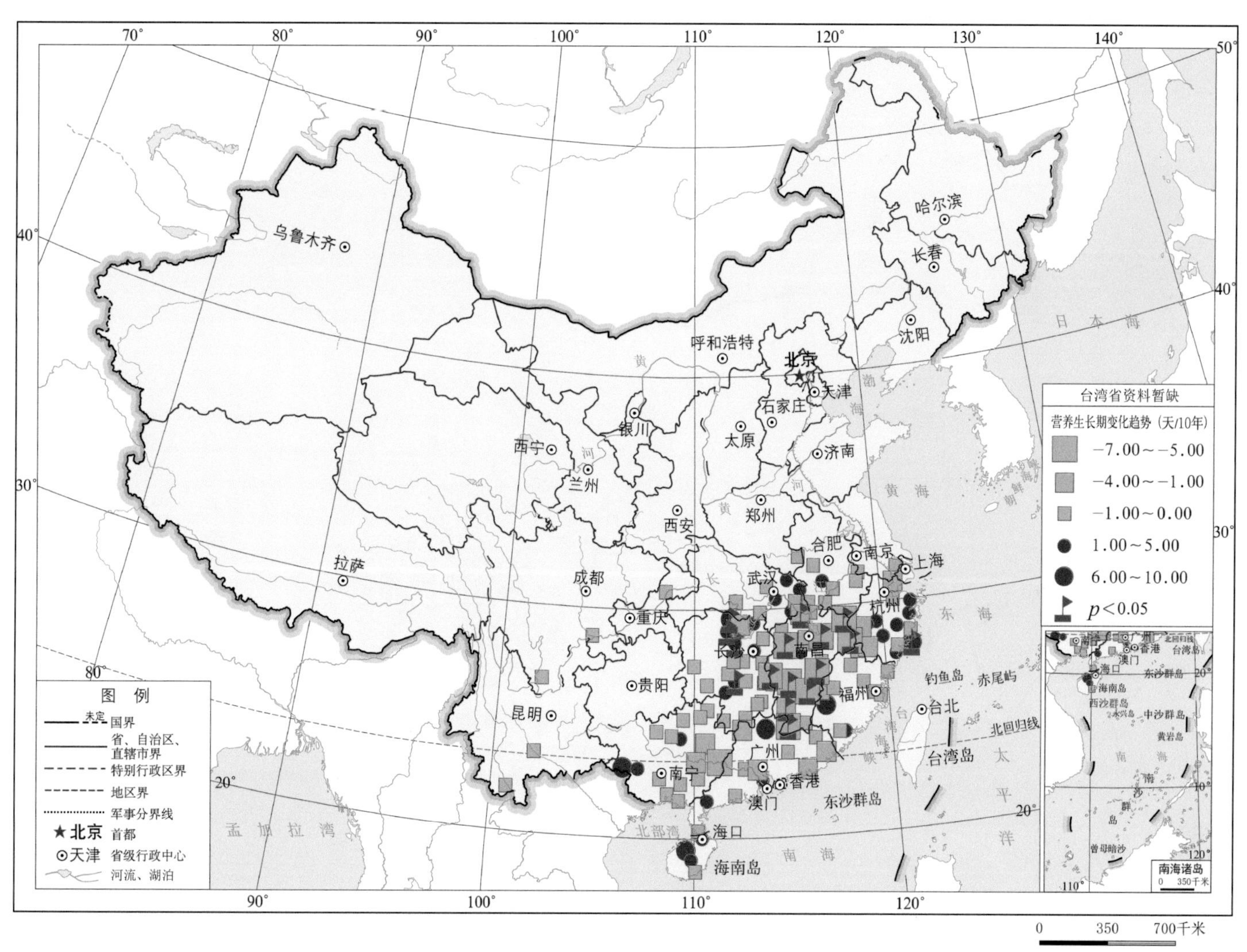

图 3-12　1981—2009 年晚稻营养生长期长度变化趋势

晚稻的营养生长期长度变化呈缩短趋势，其中在湖北省、湖南省、江西省和安徽省呈显著缩短趋势，平均每 10 年缩短了 1.00～4.00 天。

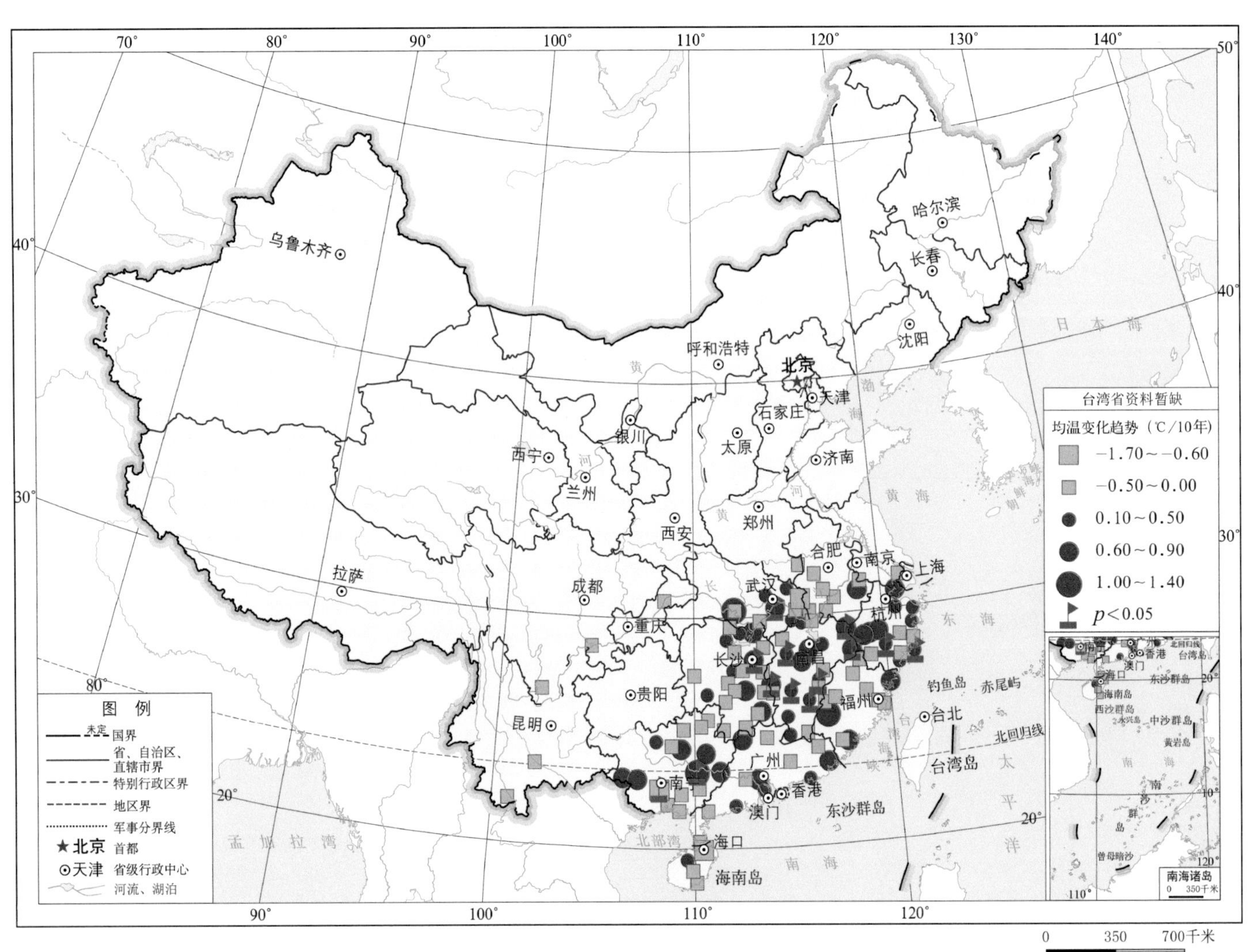

图 3-13 1981—2009 年晚稻营养生长期均温变化趋势

晚稻的营养生长期均温主要呈增加趋势，其中在安徽省和浙江省主要呈显著增加趋势，平均每 10 年增加了 0.60～0.90℃。

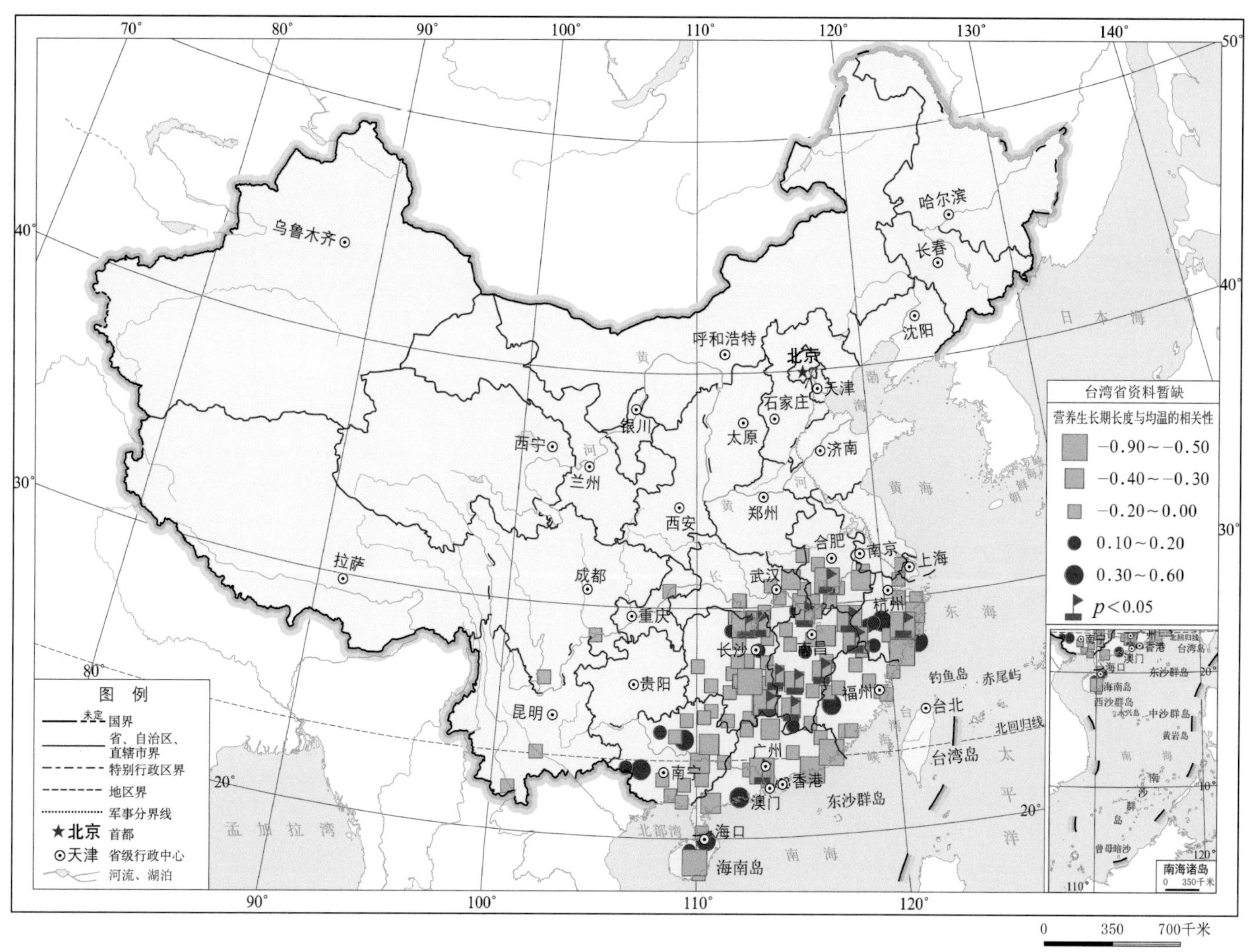

图 3-14 1981—2009 年晚稻营养生长期长度与均温相关性

晚稻的营养生长期长度与均温呈负相关，其中在湖南省、江西省和浙江省呈显著负相关。

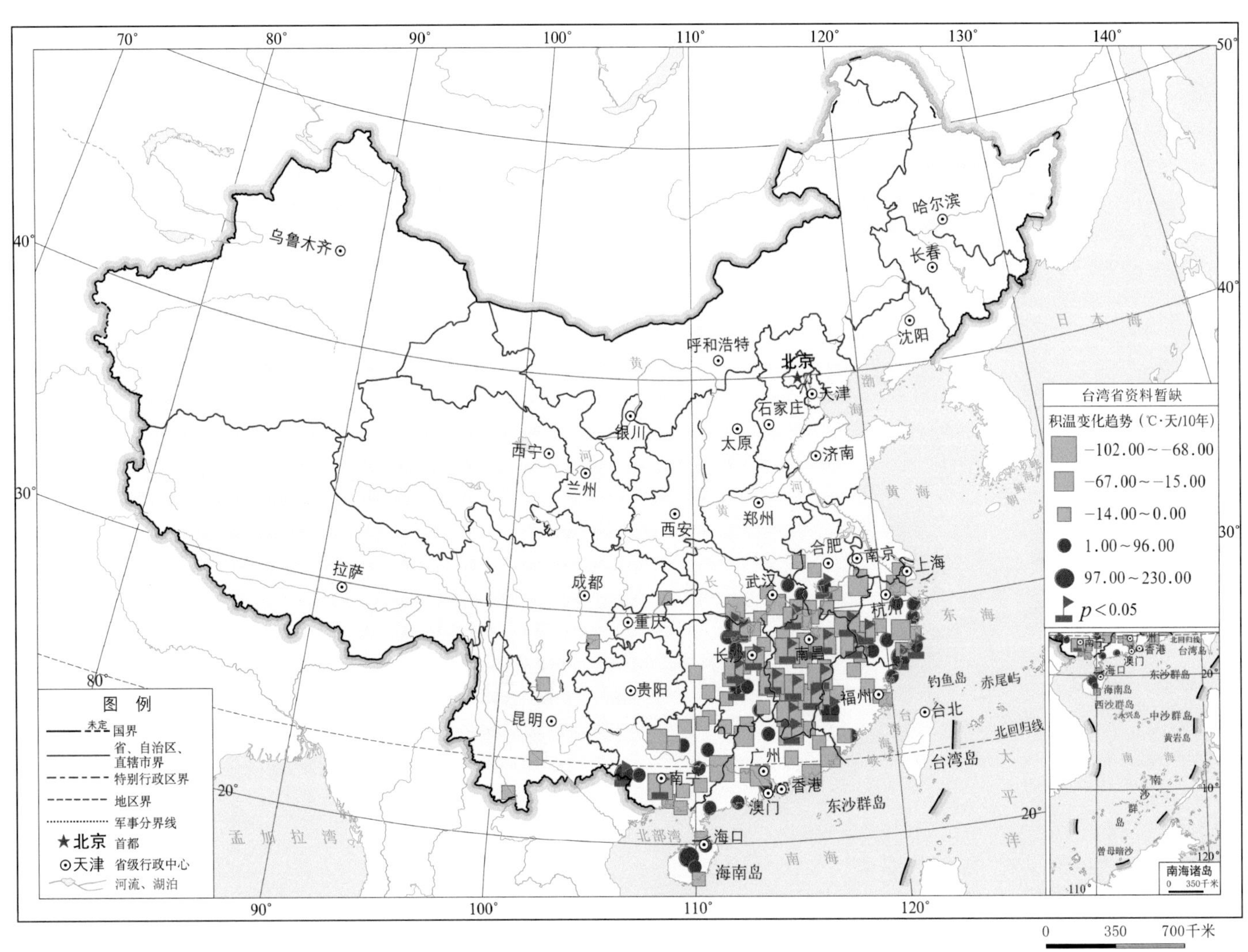

图 3–15　1981—2009 年晚稻营养生长期积温变化趋势

晚稻的营养生长期积温呈减少趋势，其中在湖南省、江西省和安徽省呈显著减少趋势，平均每 10 年减少了 15.00～67.00℃·天。

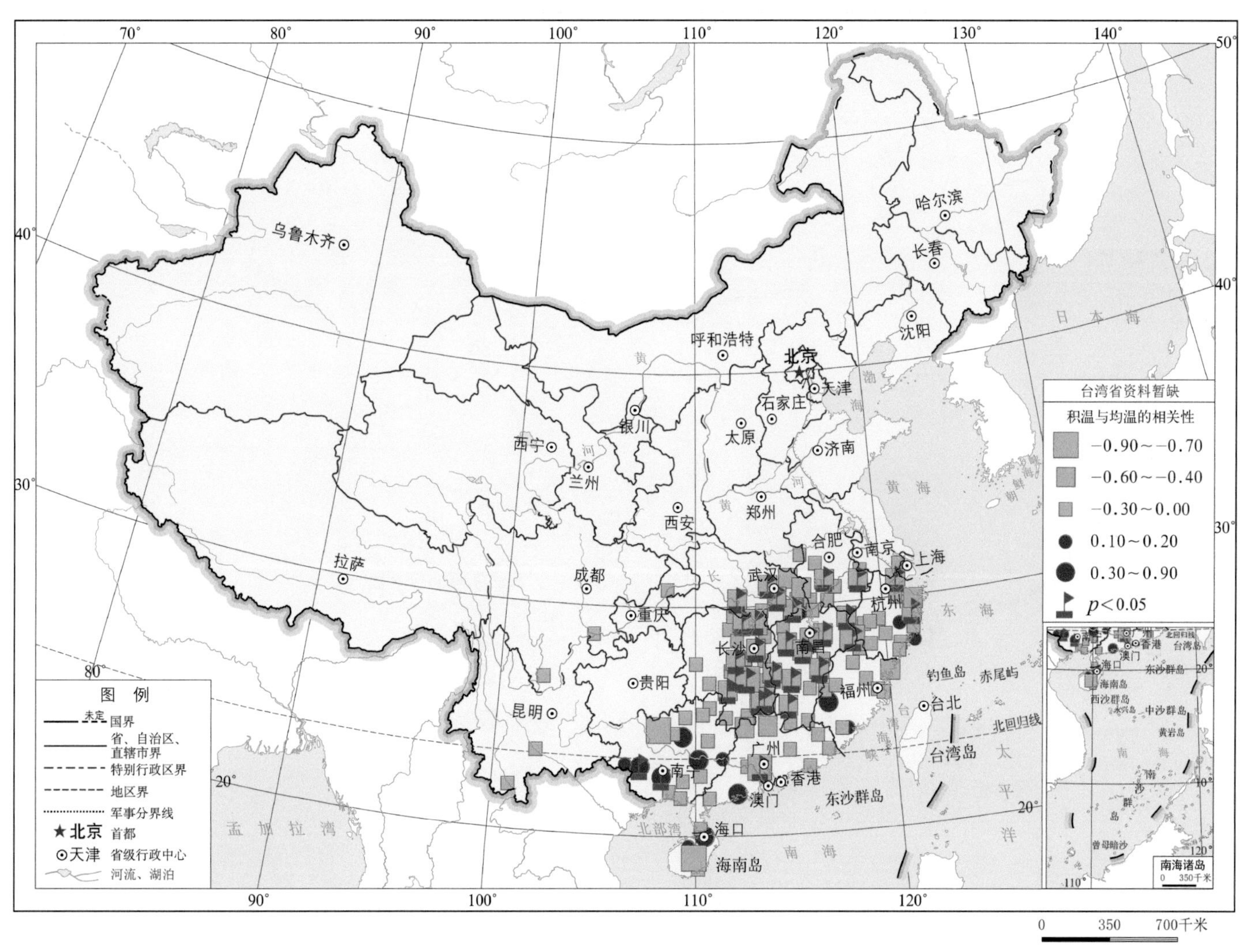

图 3-16 1981—2009 年晚稻营养生长期积温与均温的相关性

晚稻营养生长期积温与均温主要呈负相关，其中在湖北省、湖南省、江西省和安徽省呈显著负相关。

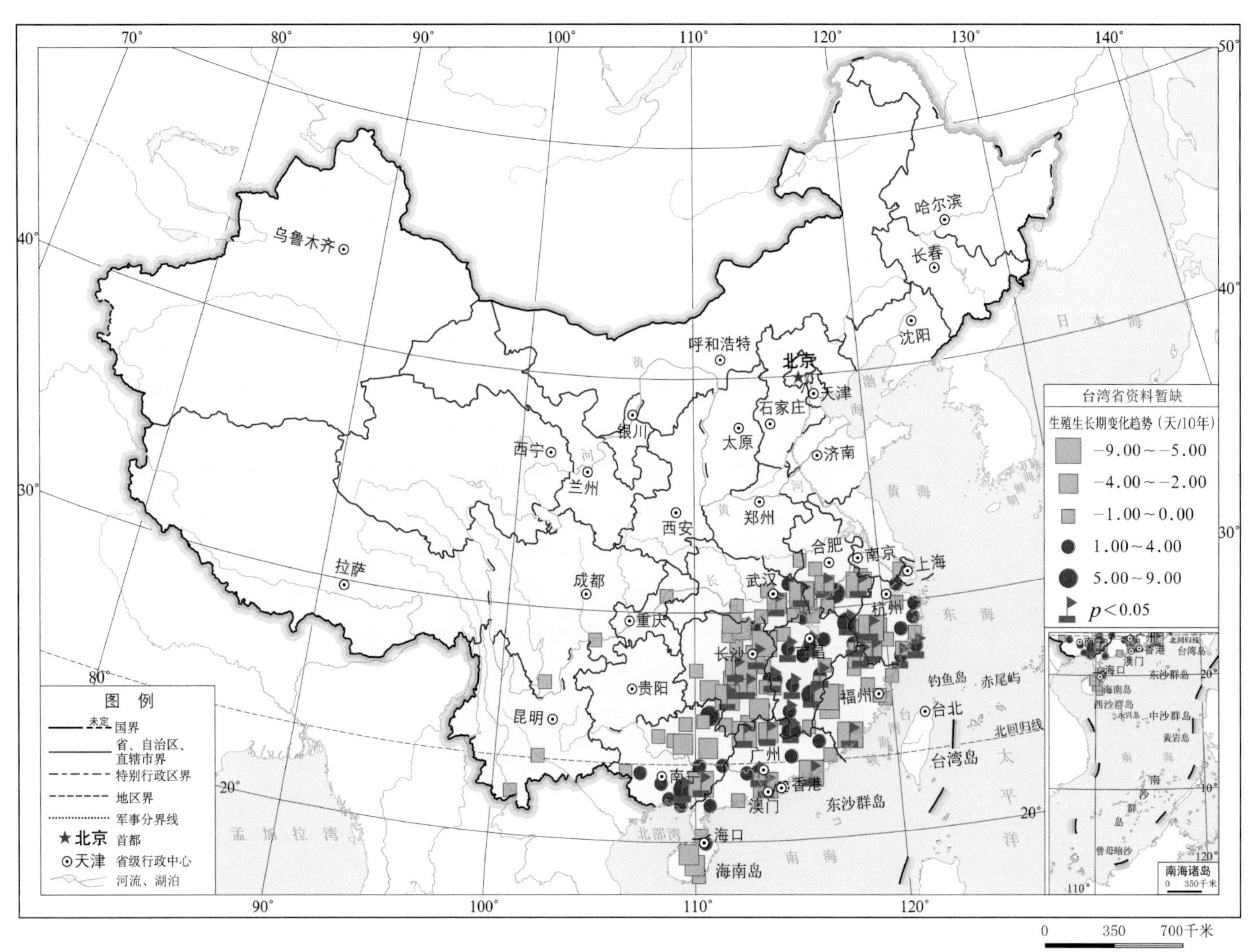

图 3-17　1981—2009 年晚稻生殖生长期长度变化趋势

晚稻的生殖生长期长度变化呈缩短趋势，其中在湖北省、湖南省、福建省、广东省和浙江省呈显著缩短趋势，平均每 10 年缩短了 2.00～4.00 天。

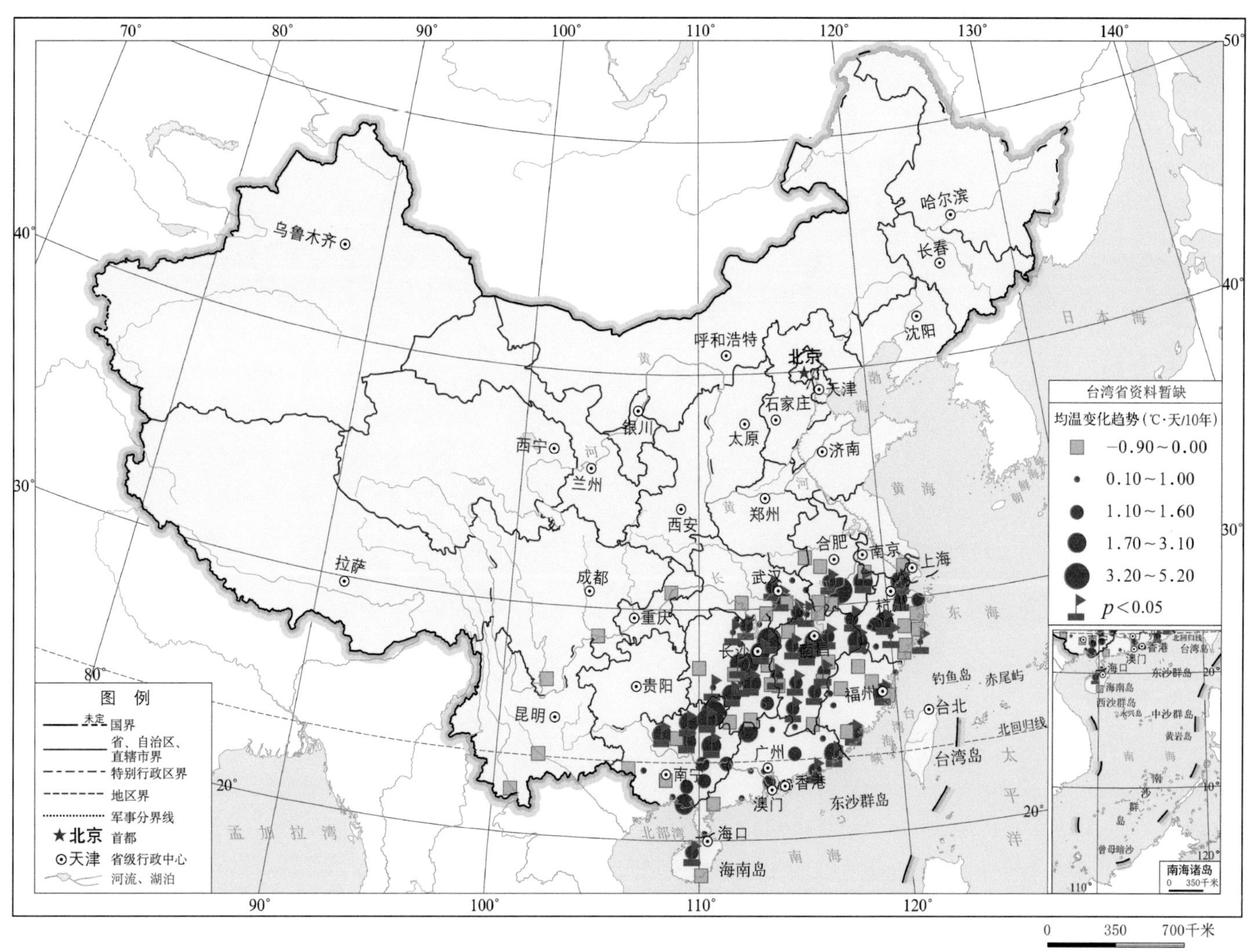

图 3–18 1981—2009 年晚稻生殖生长期均温变化趋势

晚稻生殖生长期均温呈增加趋势，其中在湖北省、湖南省、云南省、江西省和安徽省呈显著增加趋势，平均每10年增加了1.70～3.10℃。

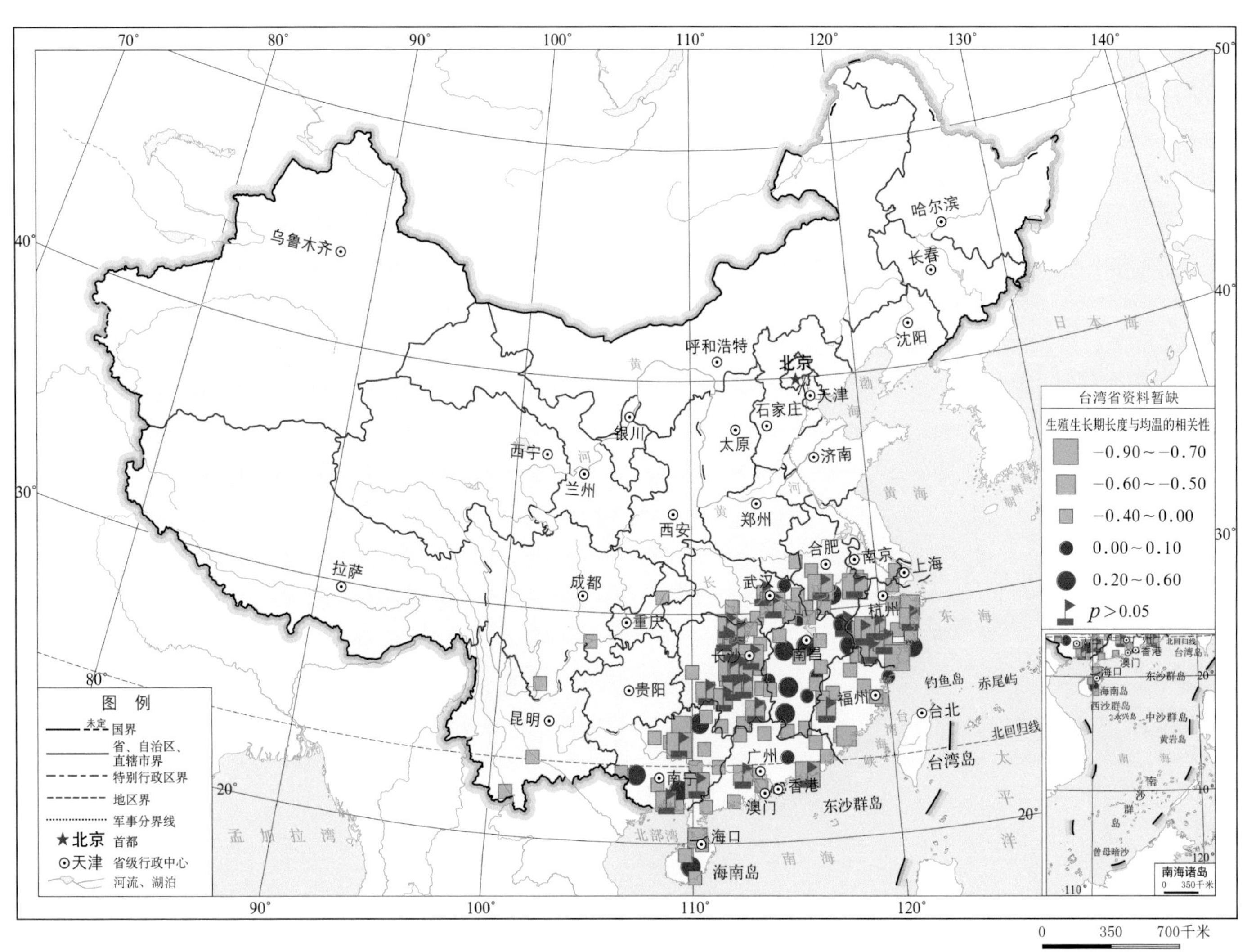

图 3-19　1981—2009 年晚稻生殖生长期长度与均温相关性

晚稻生殖生长期长度与均温呈负相关，其中在湖南省、浙江省和云南省呈显著负相关。

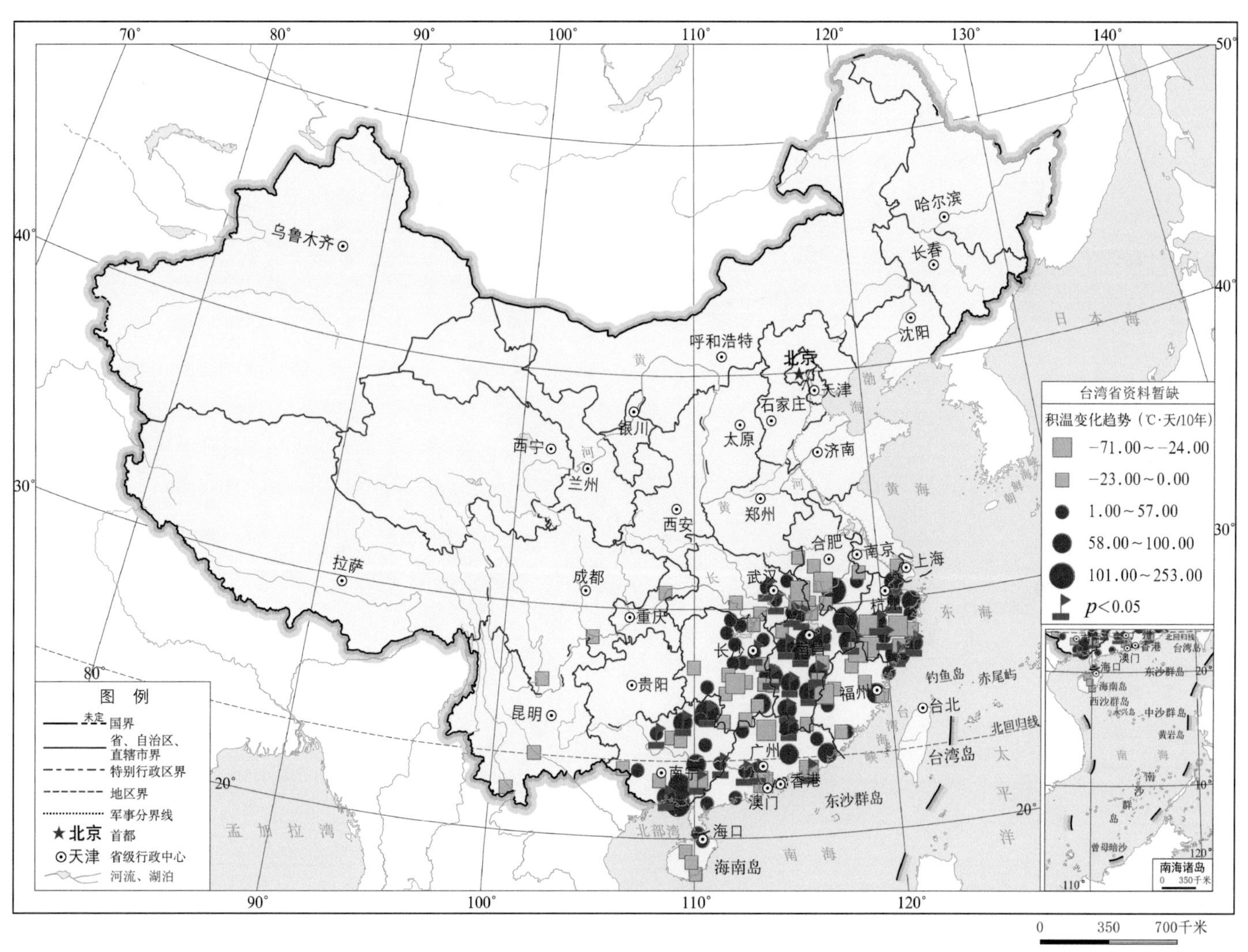

图 3-20　1981—2009 年晚稻生殖生长期积温变化趋势

晚稻生殖生长期积温呈增加趋势，其中在云南省、江西省和安徽省呈显著增加趋势，平均每 10 年增加了 58.00～100.00℃・天。

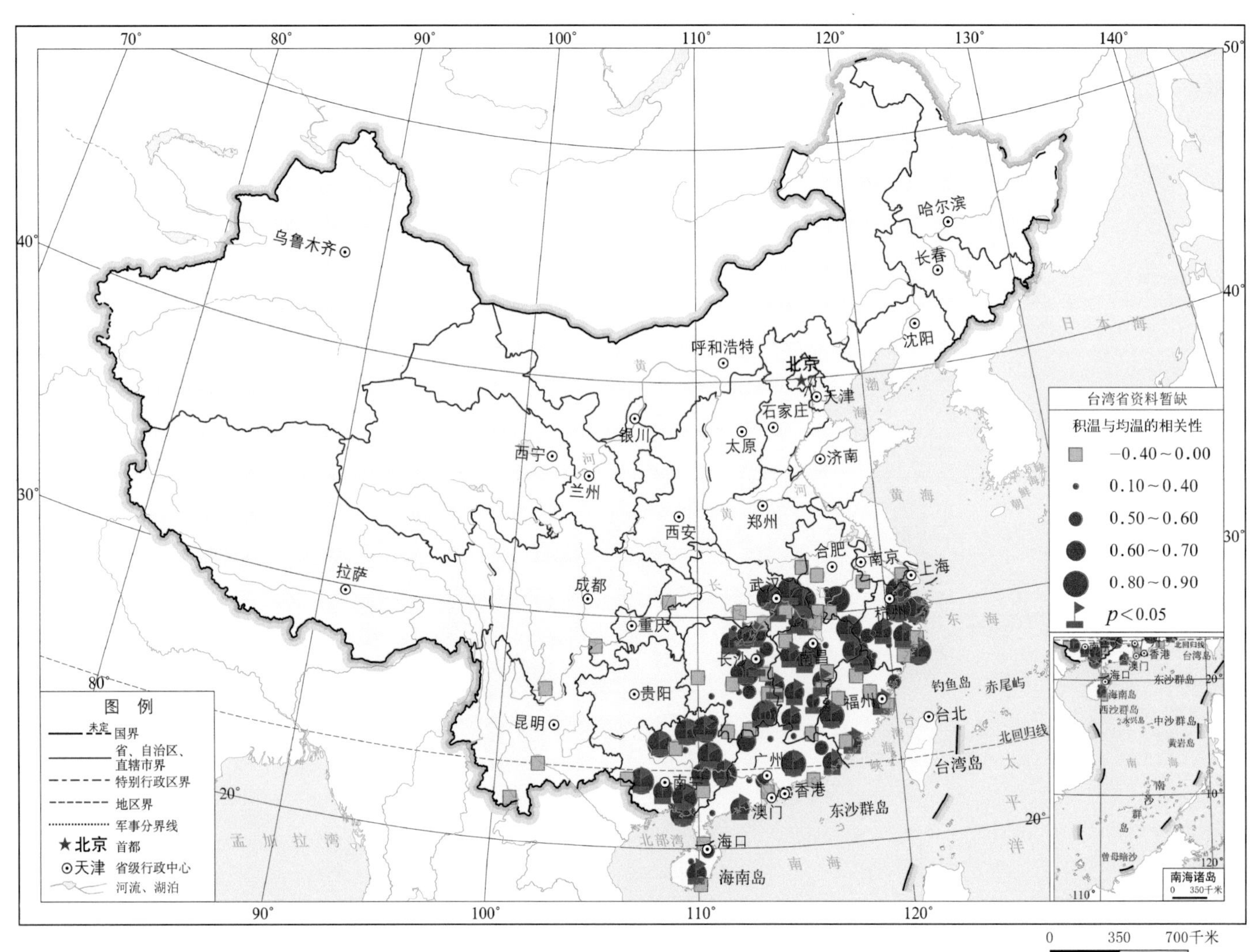

图 3-21　1981—2009 年晚稻生殖生长期积温与均温相关性

晚稻生殖生长期积温与均温呈正相关，其中在云南省、浙江省、湖南省和江西省呈显著正相关。

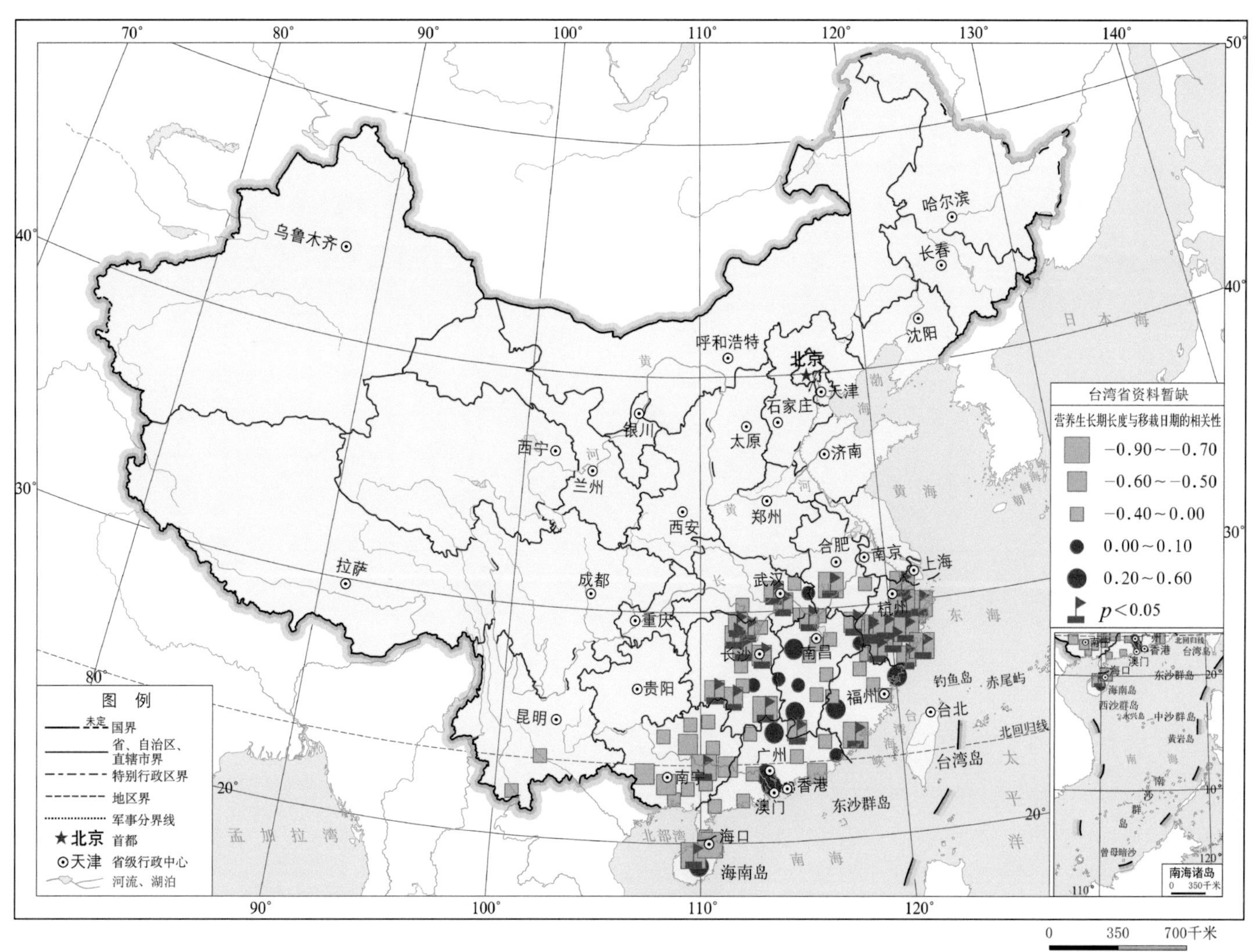

图 3-22 1981—2009 年晚稻营养生长期长度与移栽期的相关性

晚稻营养生长期长度与移栽日期呈负相关，其中在浙江省、湖南省和湖北省呈显著负相关。

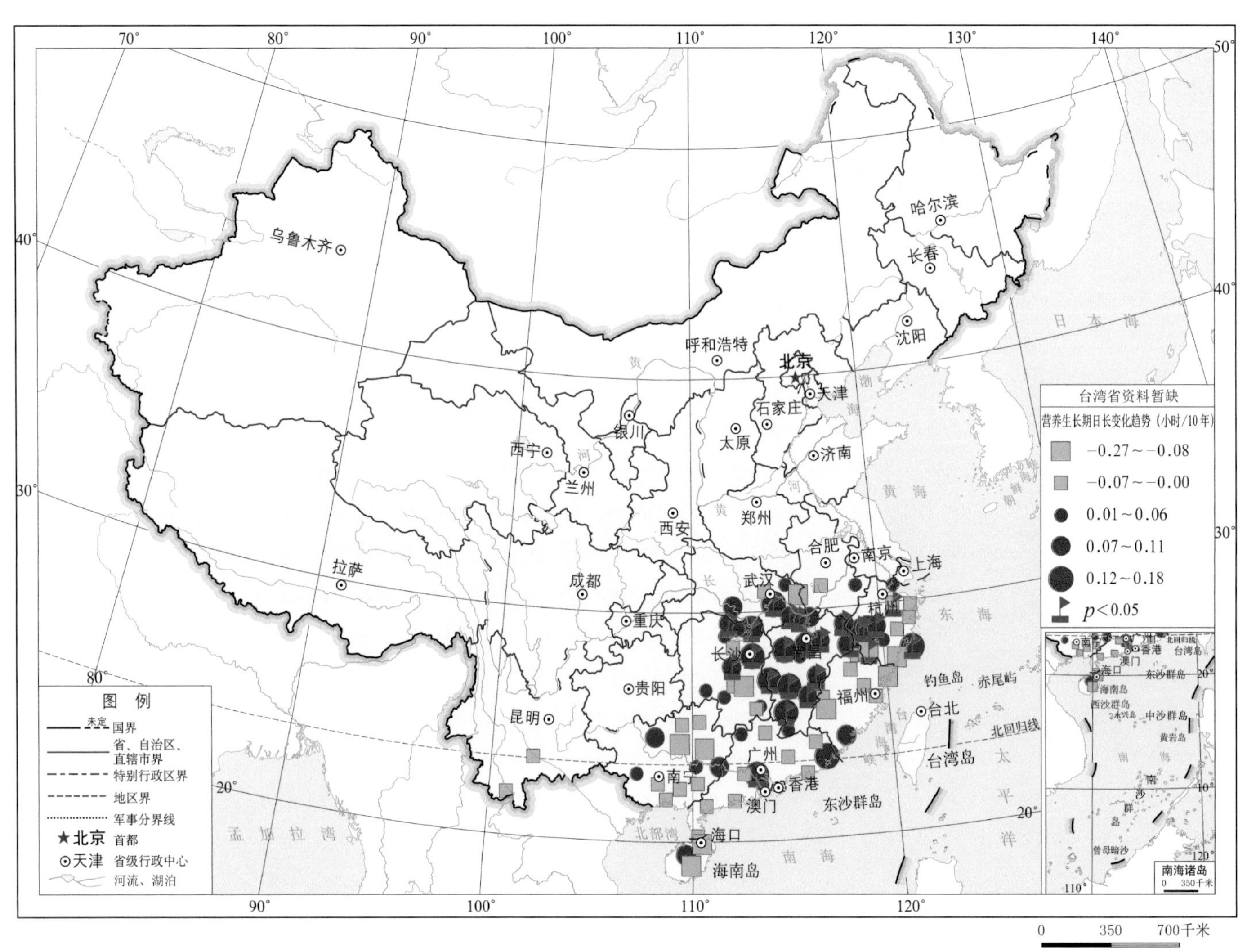

图 3-23　1981—2009 年晚稻营养生长期平均日长的变化趋势

晚稻营养生长期的日长呈延长趋势，其中在湖北省、湖南省和江西省呈显著延长趋势，平均每 10 年延长了 0.12～0.18 小时。

第四部分

一季稻物候时空变化特征

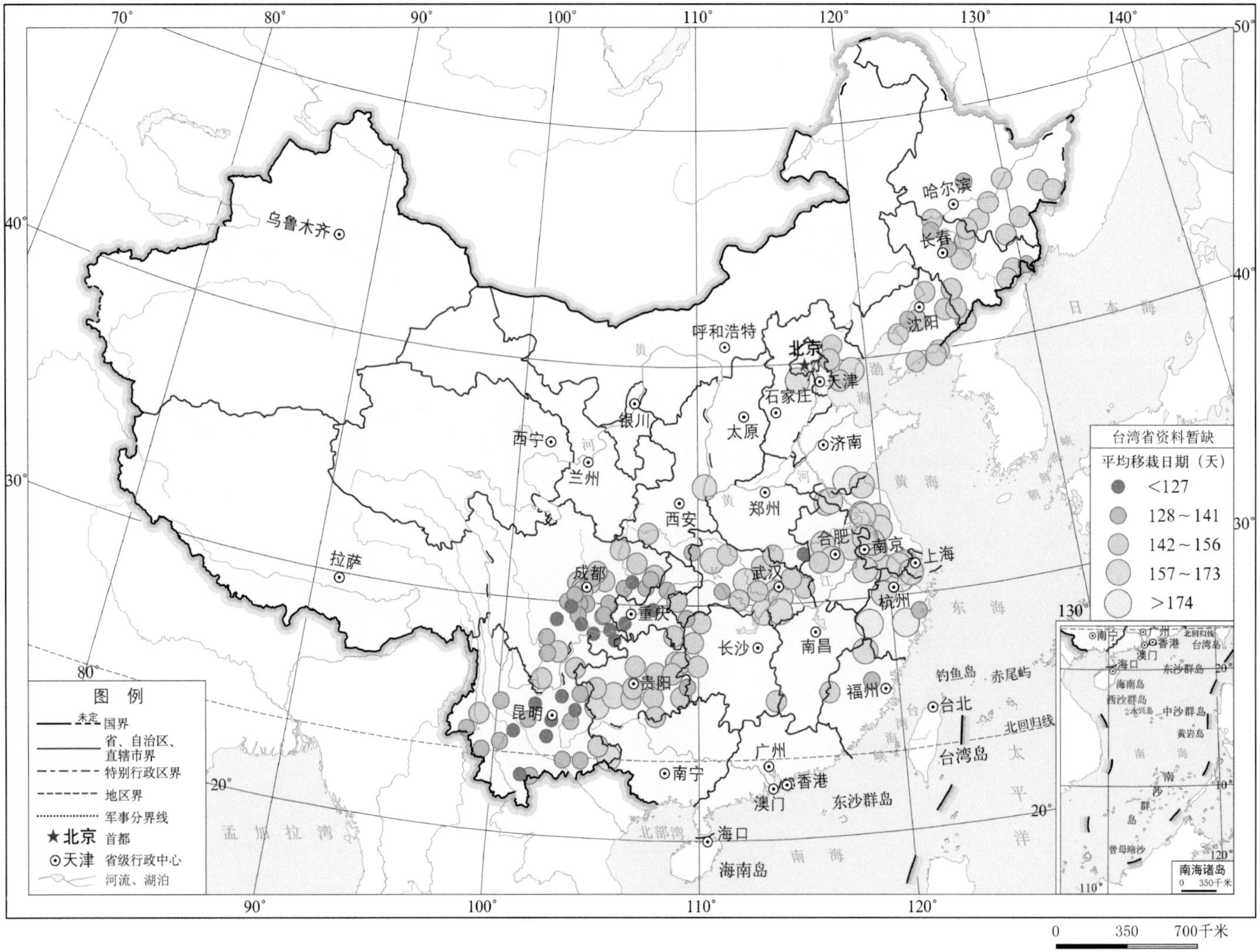

图 4-1　1981—2009 年一季稻平均移栽日期

一季稻主要种植在中国的西南和东北地区，一季稻平均移栽日期主要集中在 5 月中下旬。

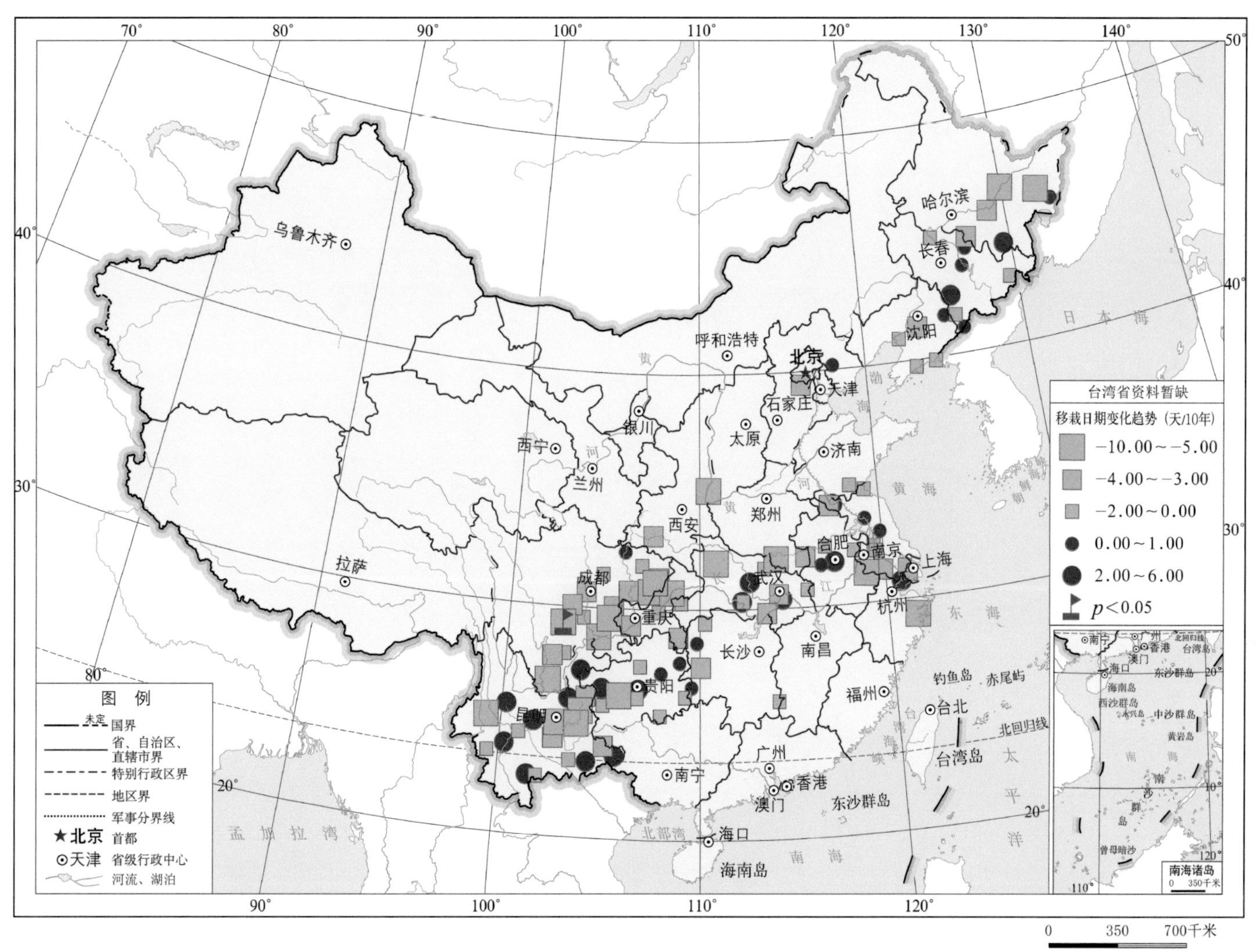

图 4-2　1981—2009 年一季稻移栽日期变化趋势。

一季稻移栽日期变化呈缩短趋势，其中在云南省、四川省和黑龙江省呈显著缩短趋势，平均每 10 年缩短了 5.00～10.00 天。

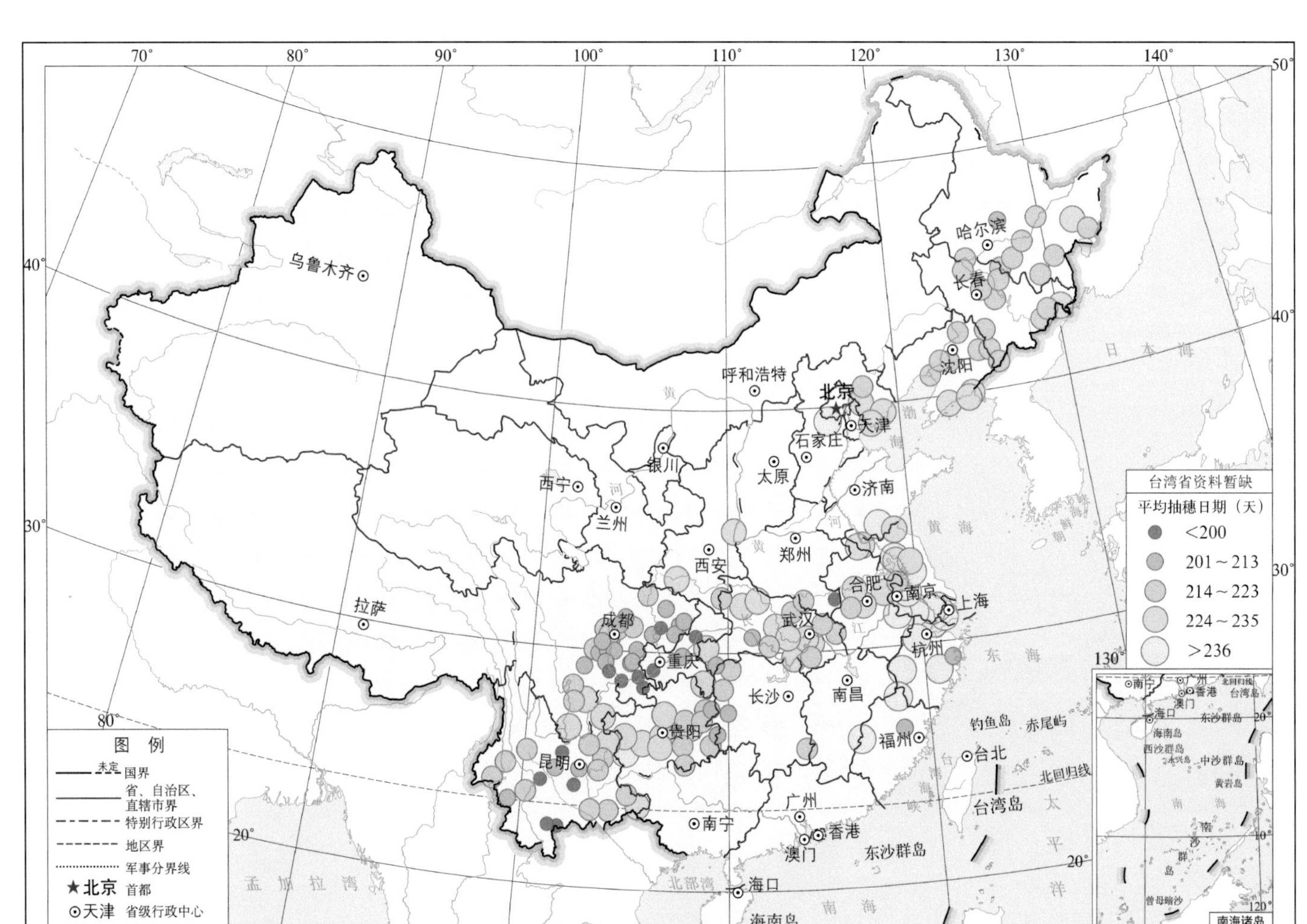

图 4-3 1981—2009 年一季稻平均抽穗日期

一季稻的平均抽穗日期主要集中在 7 月下旬。

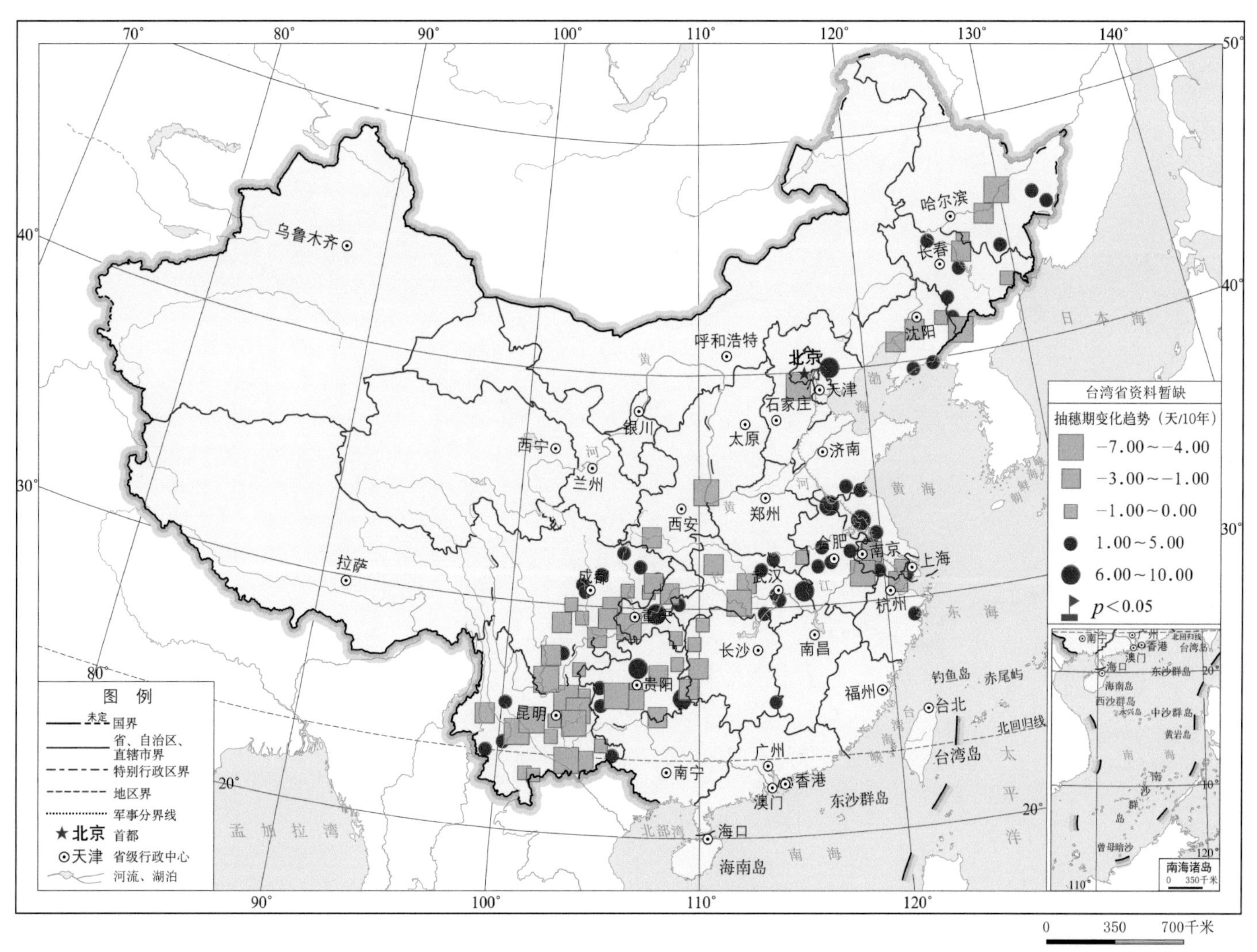

图 4-4　1981—2009 年一季稻抽穗期变化趋势

一季稻的抽穗期变化呈缩短趋势，其中在云南省、贵州省和四川省主要呈显著缩短趋势，平均每 10 年缩短了 4.00～7.00 天。

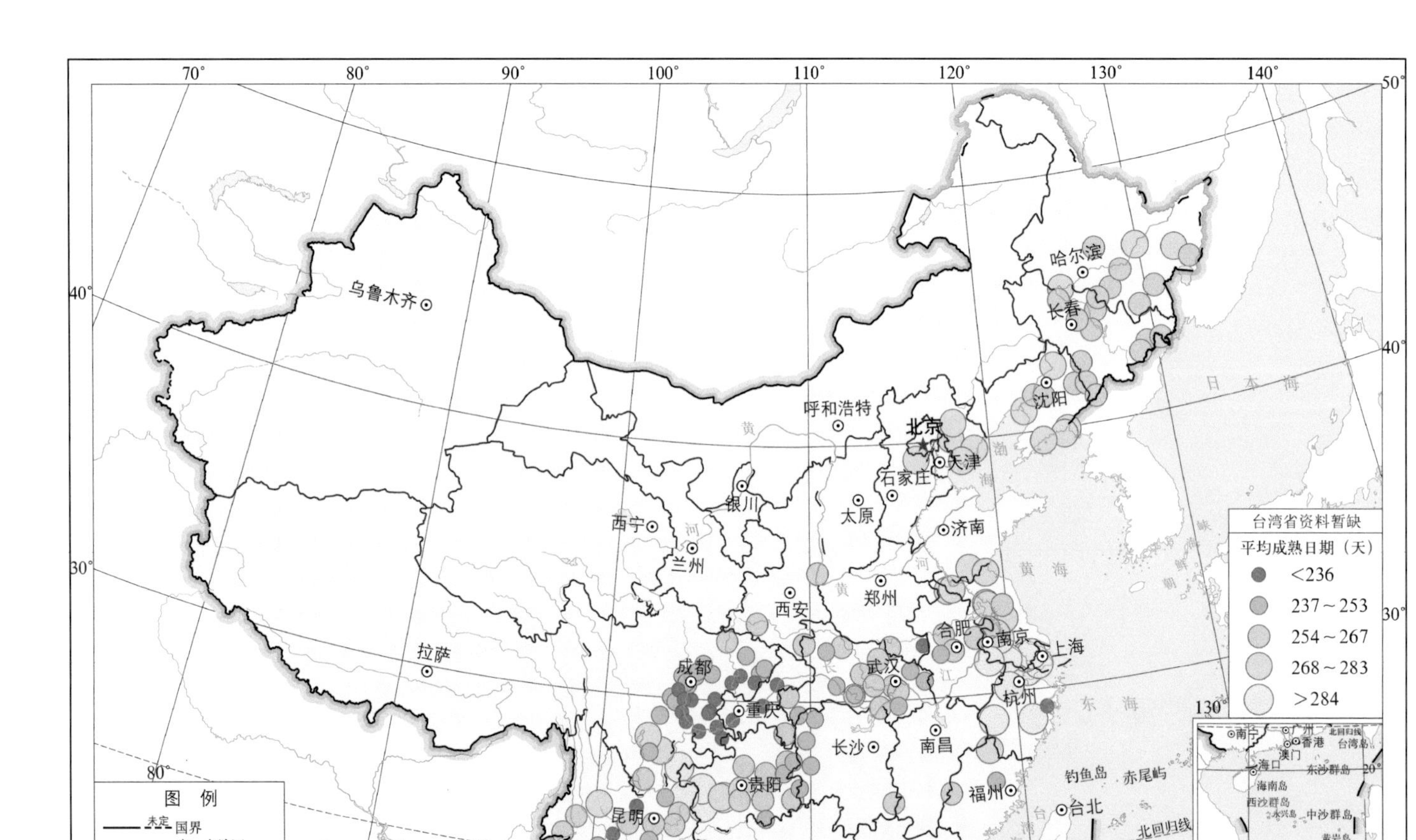

图 4-5　1981—2009 年一季稻平均成熟日期

一季稻的平均成熟日期主要集中在 8 月下旬至 9 月中旬。

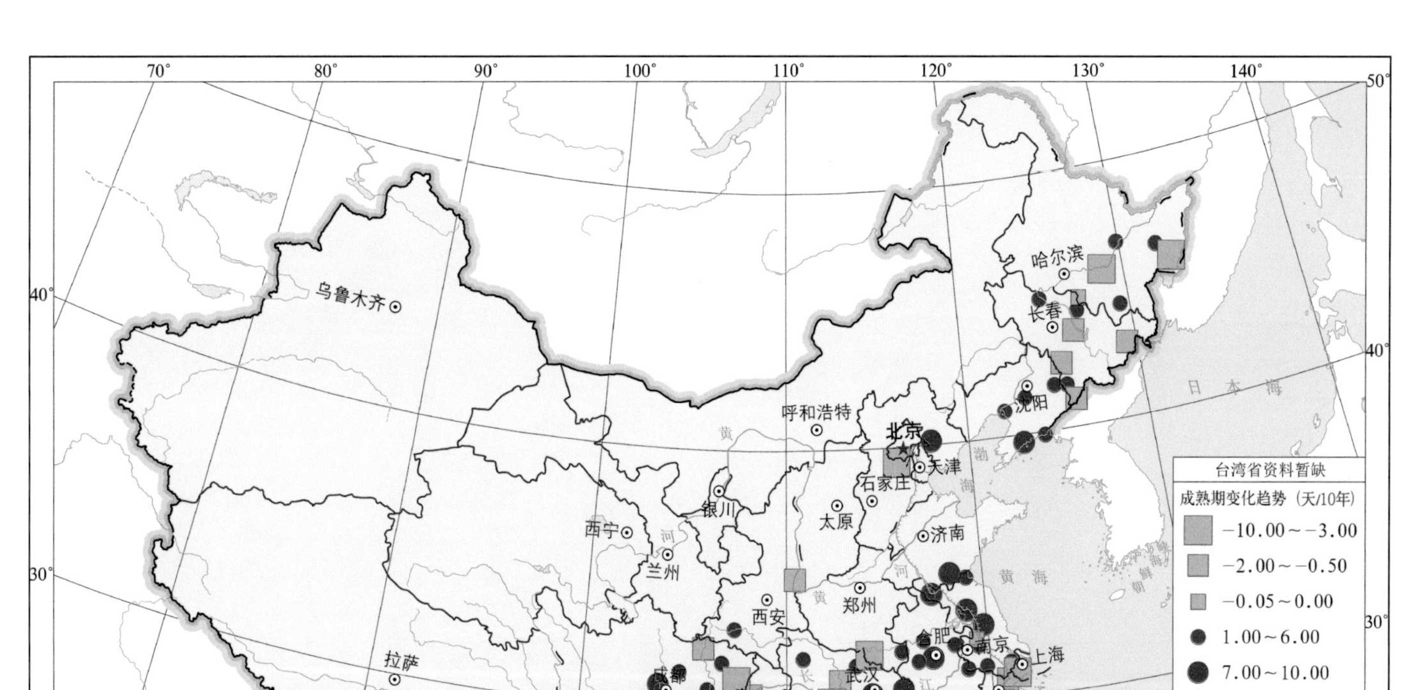

图 4-6　1981—2009 年一季稻成熟期变化趋势

一季稻的成熟期在云南省、贵州省呈显著提前趋势，平均每 10 年提前了 0.50～2.00 天。长江中下游地区的一季稻主要呈延迟趋势，平均每 10 年延迟了 7.00～10.00 天。

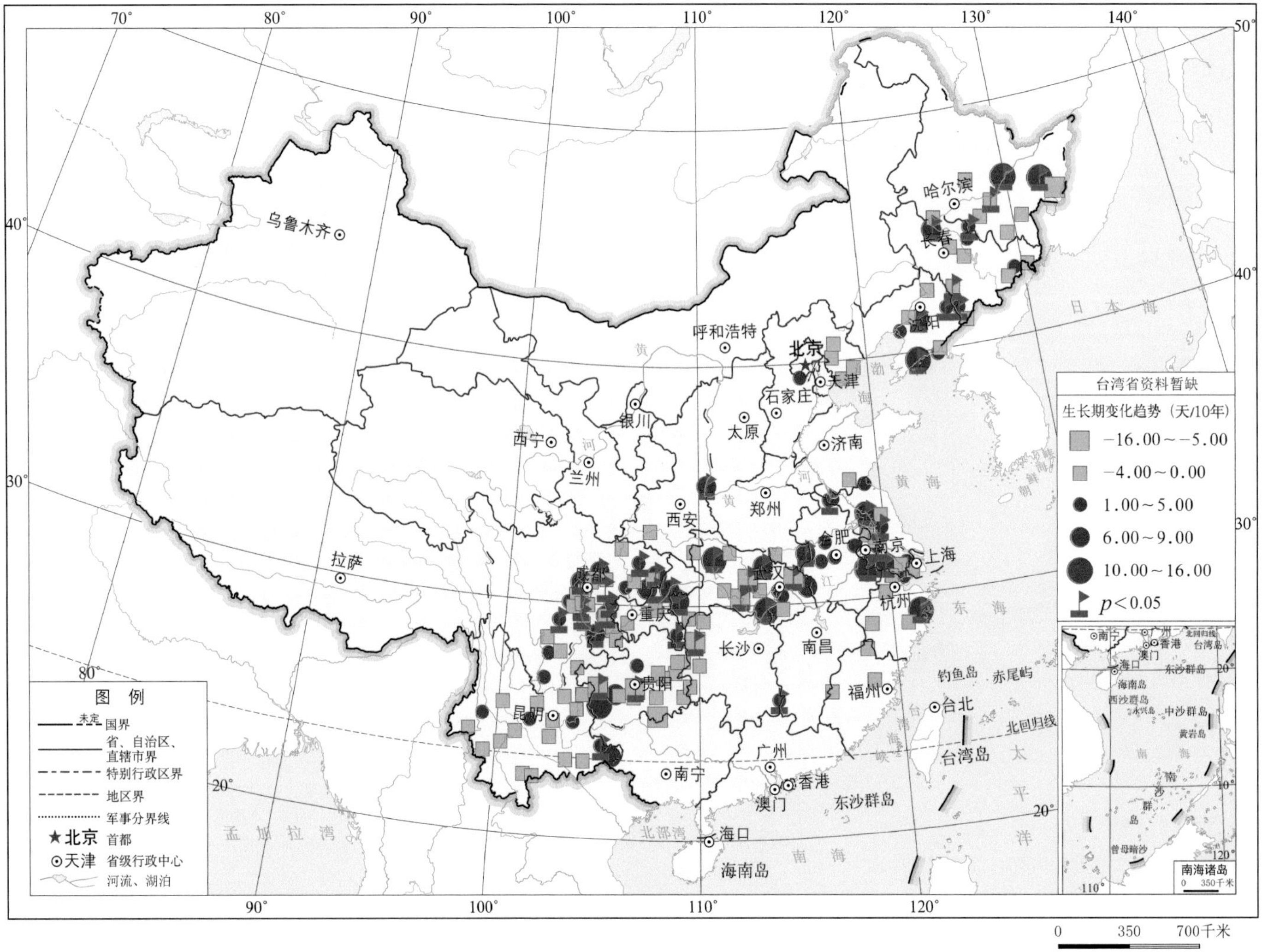

图 4-7　1981—2009 年一季稻生长期长度变化趋势

一季稻的生长期长度变化呈延长趋势，其中在湖北省、四川省、江苏省和黑龙江省呈显著延长趋势，平均每 10 年延长了 6.00～9.00 天。

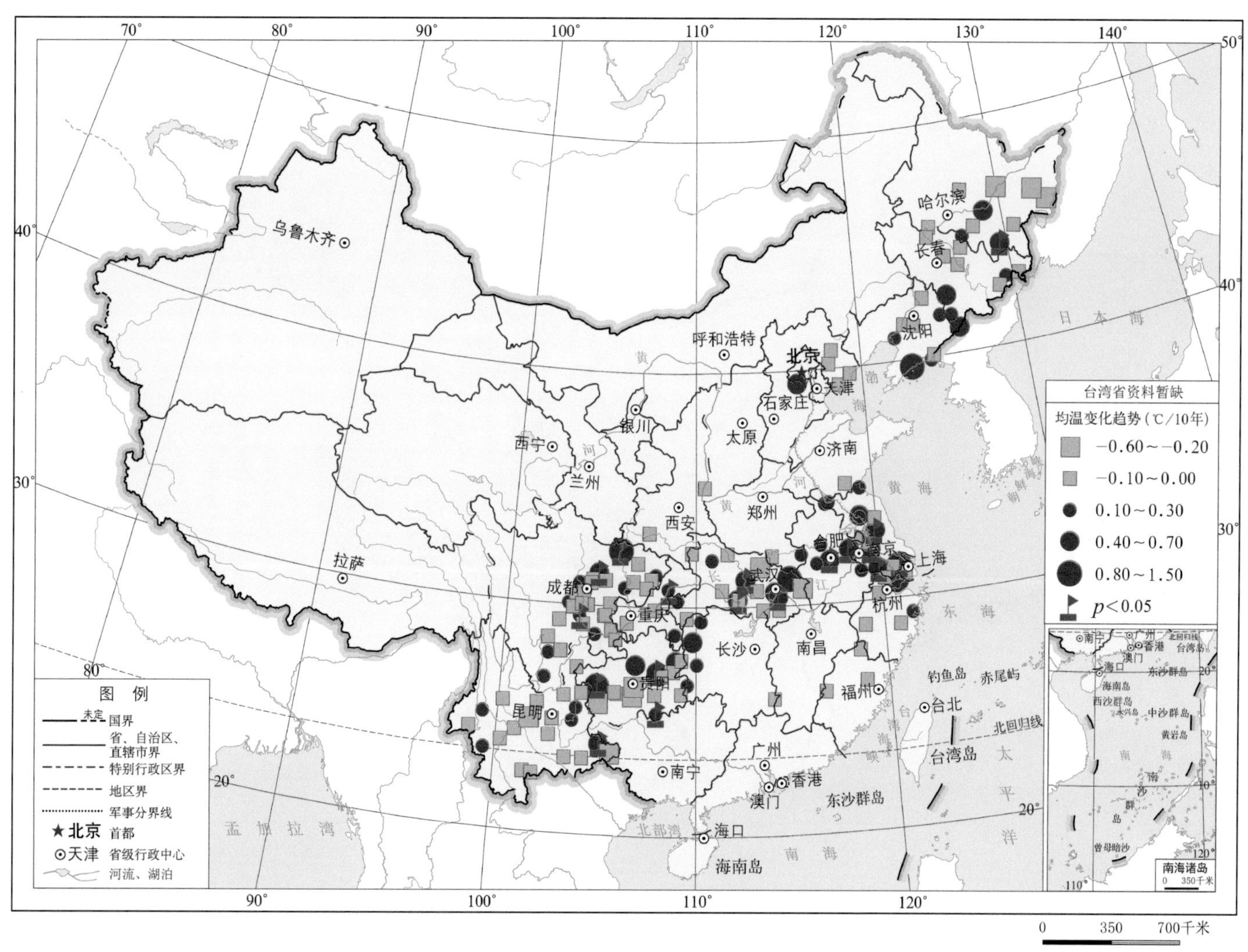

图 4-8 1981—2009 年一季稻生长期均温变化趋势

一季稻的生长期均温呈增加趋势，其中在四川省和江苏省主要呈显著增加趋势，平均每 10 年增加了 0.40～0.70℃。

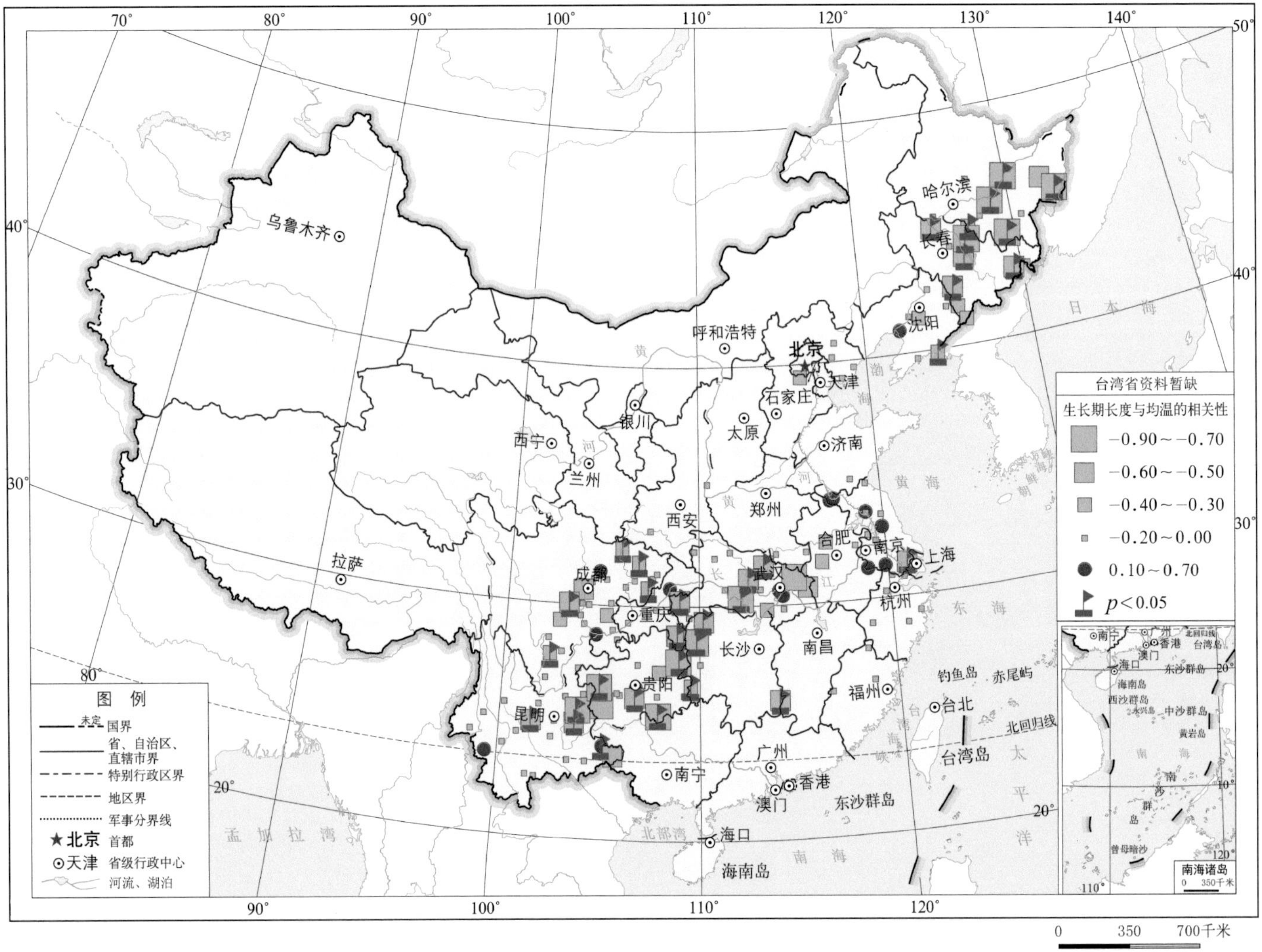

图 4-9　1981—2009 年一季稻生长期长度与均温的相关性

一季稻的生长期长度与均温呈负相关，其中在湖北省、贵州省、四川省、黑龙江省和吉林省呈显著负相关。

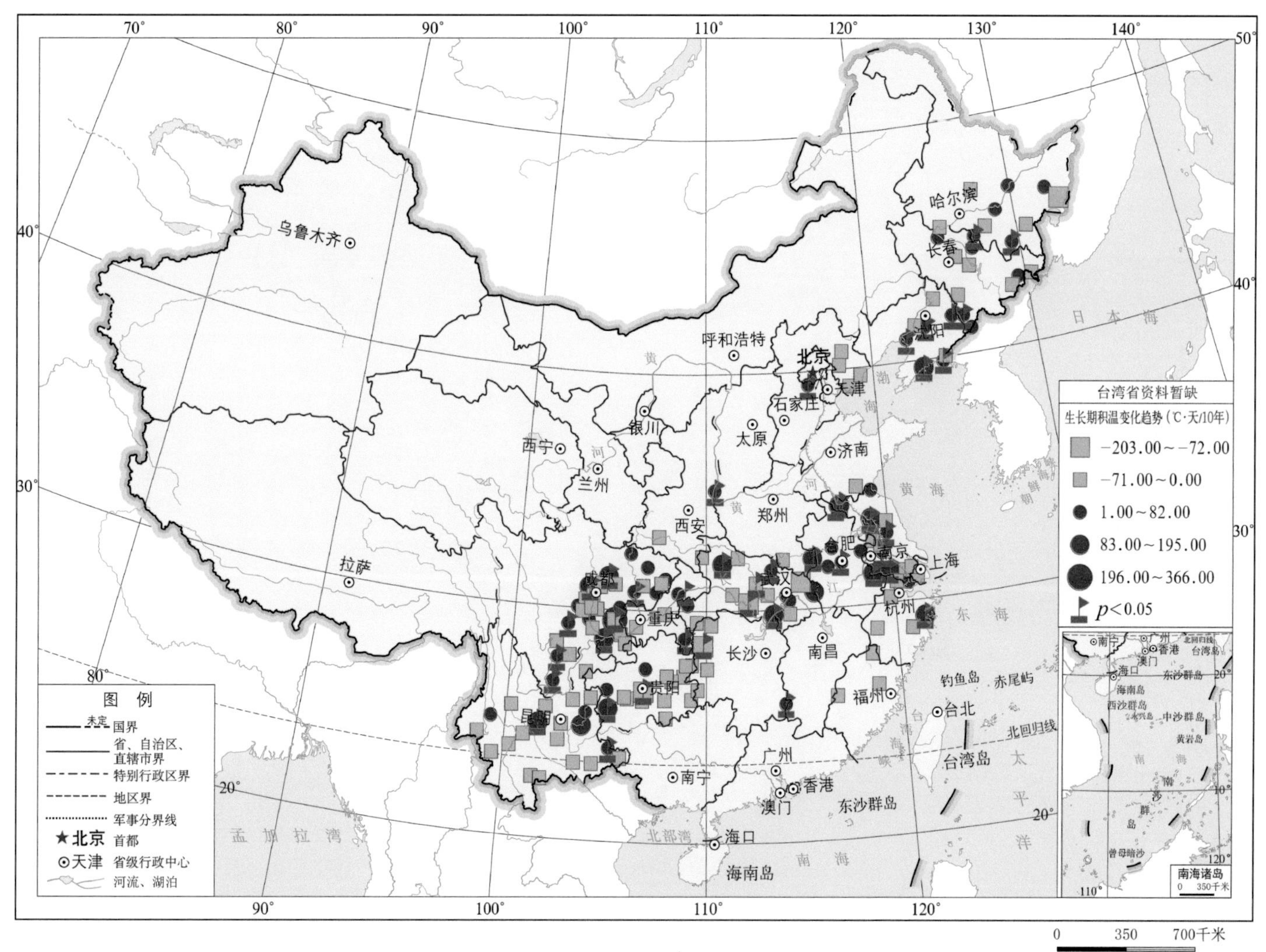

图 4-10　1981—2009 年一季稻生长期积温变化趋势

一季稻的生长期积温变化呈增加趋势，其中在四川省和安徽省呈显著增加趋势，平均每 10 年增加了 83.00～195.00℃・天。

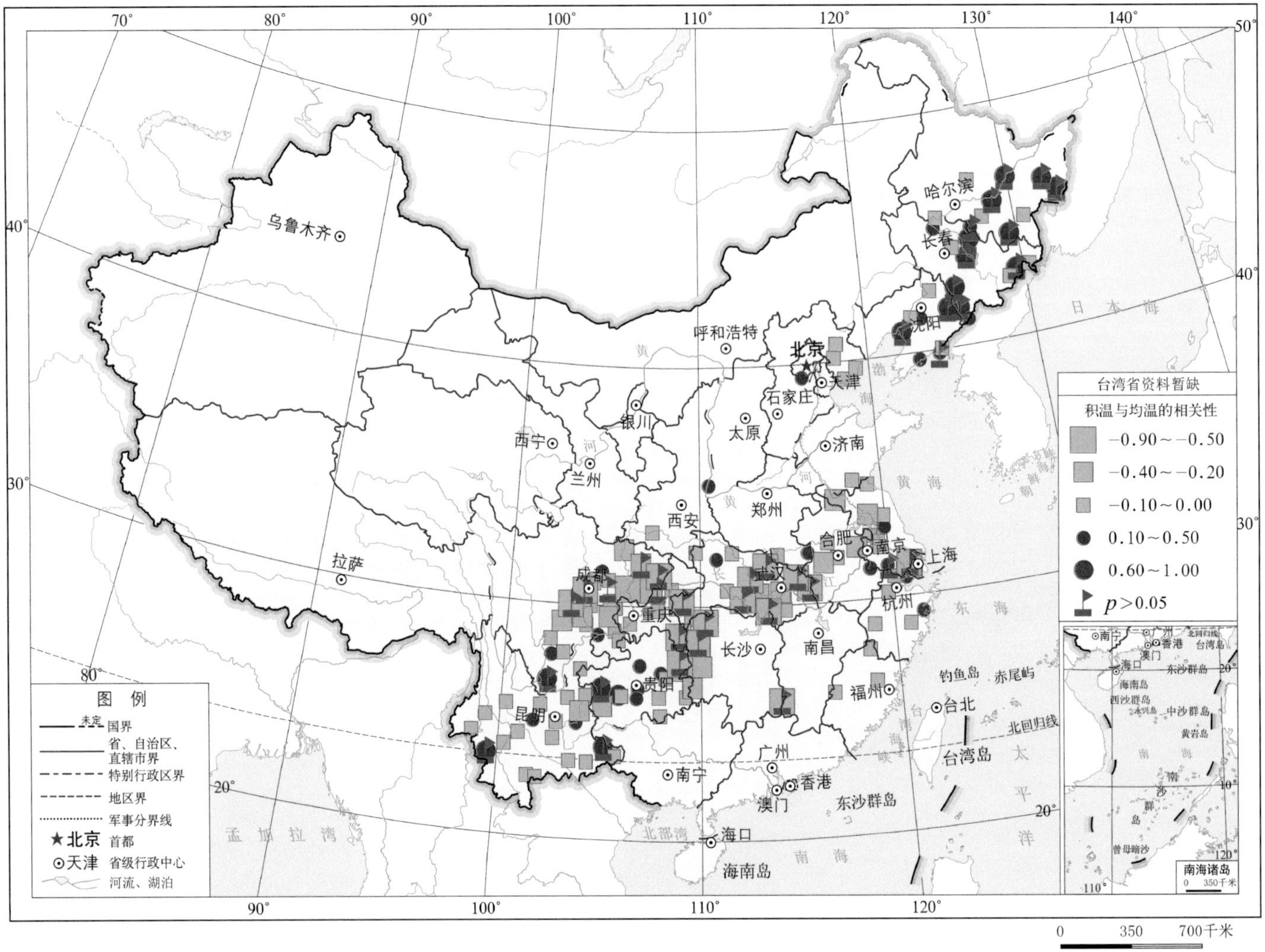

图 4-11　1981—2009 年一季稻生长期积温与均温相关性

一季稻的生长期积温与均温呈负相关，其中在四川省、贵州省、湖南省和湖北省呈显著负相关。

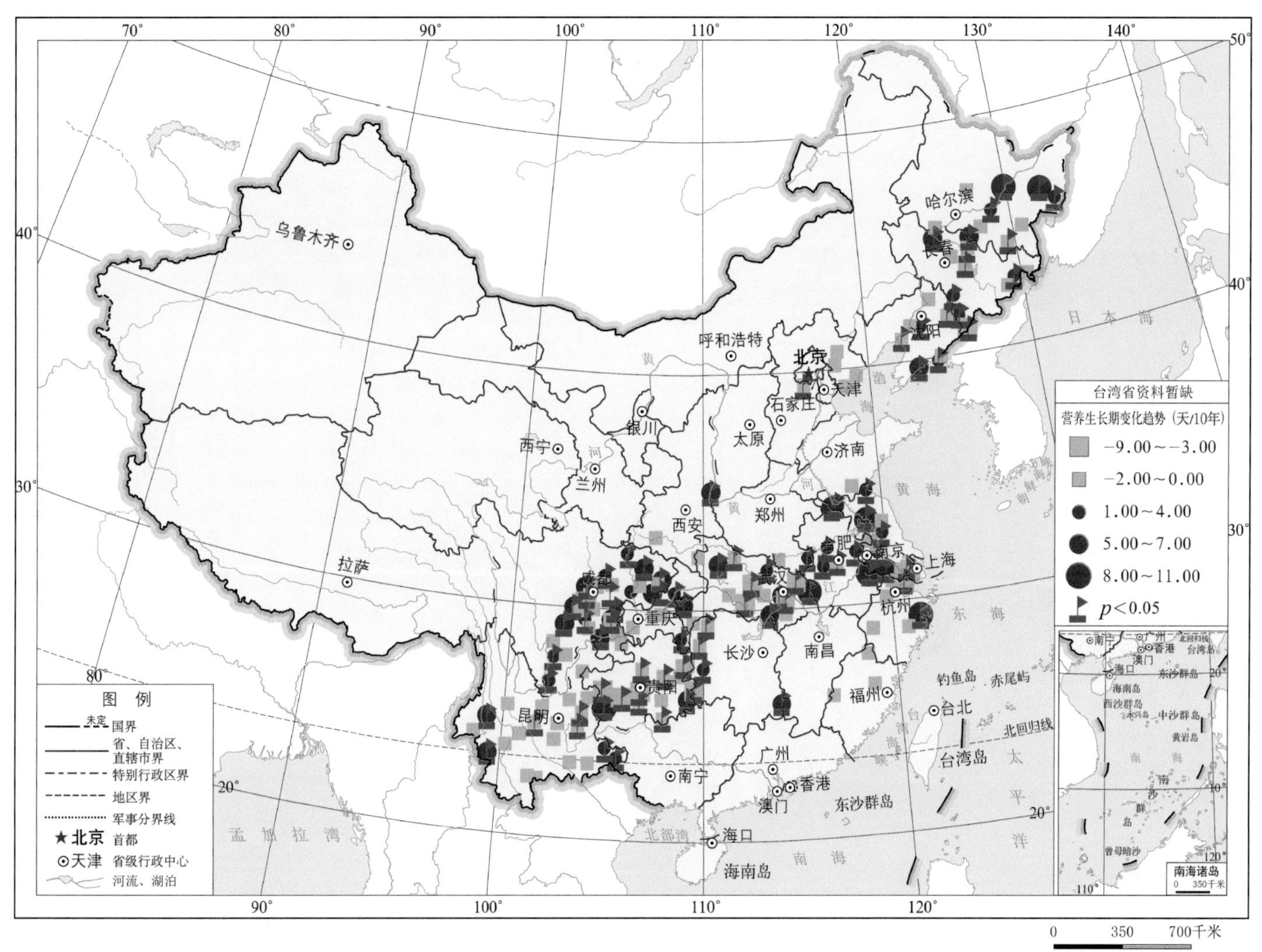

图 4-12　1981—2009 年一季稻营养生长期长度变化趋势

一季稻的营养生长期长度呈延长趋势，其中在四川省、黑龙江省和安徽省显著延长，平均每 10 年延长了 5.00～7.00 天。

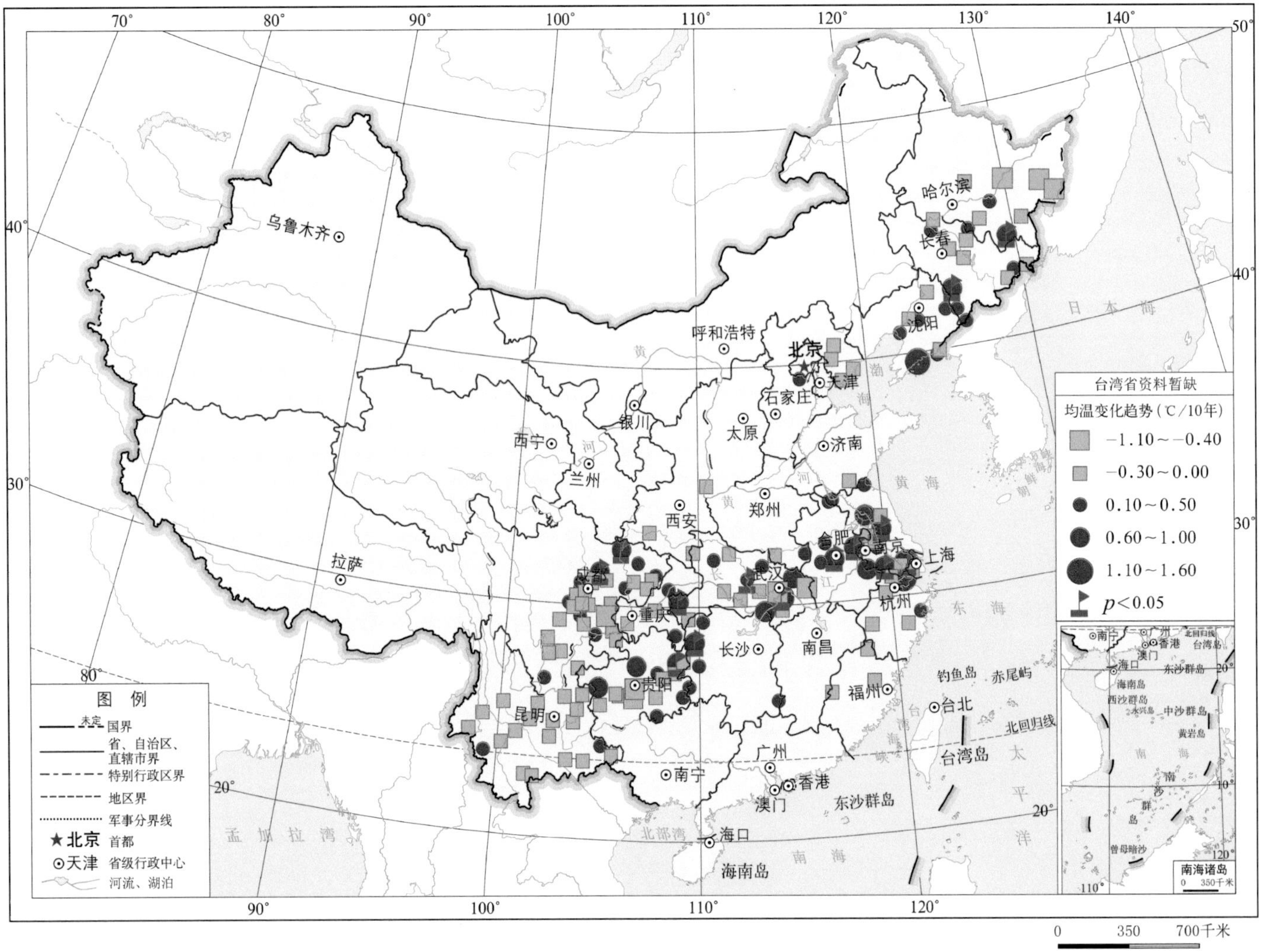

图 4-13　1981—2009 年一季稻营养生长期均温变化趋势

一季稻的营养生长期均温呈减少趋势，其中在四川省、湖北省、安徽省和江苏省呈显著减少趋势，平均每 10 年减少了 0.40～1.10℃。

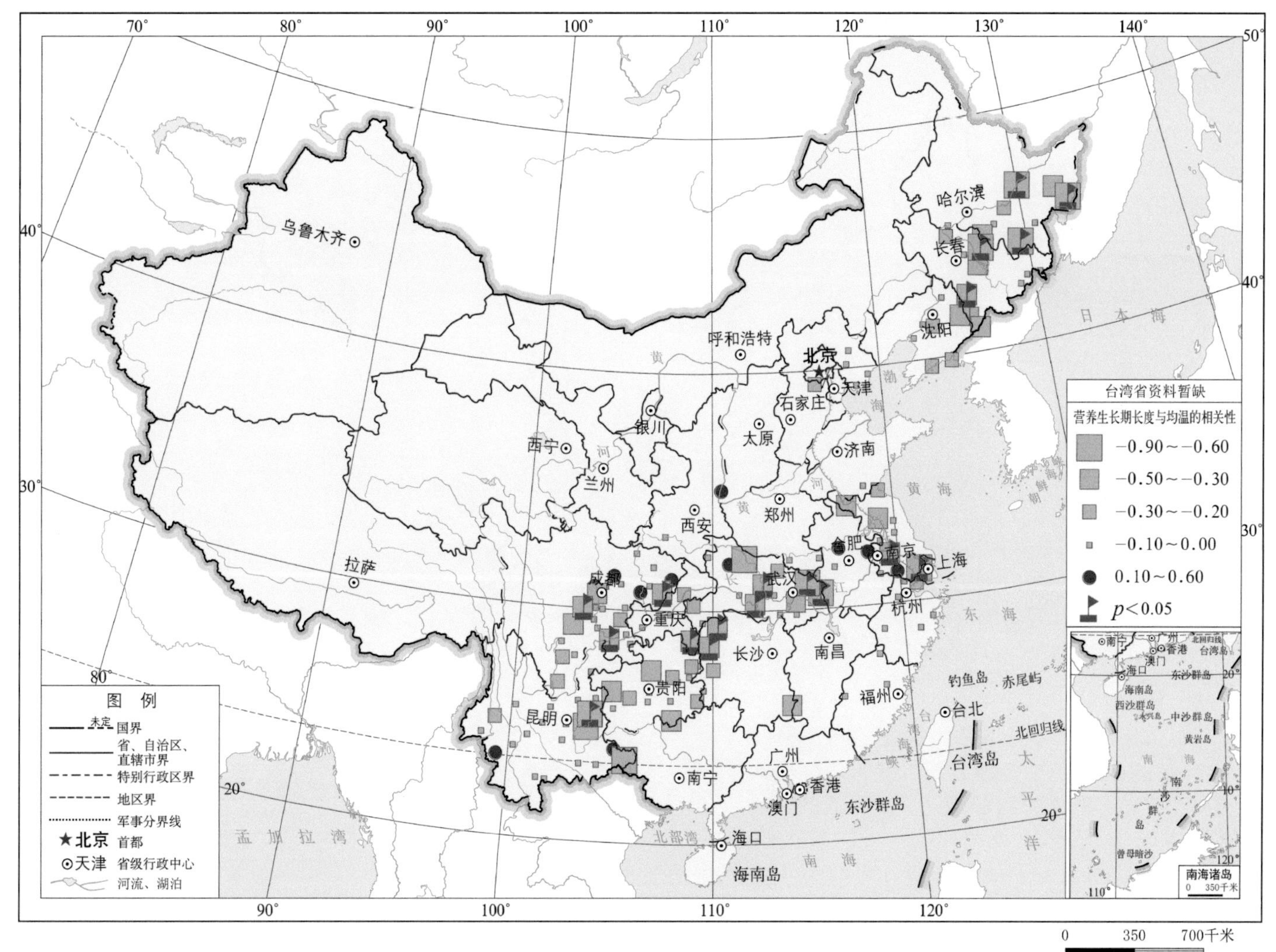

图 4-14　1981—2009 年一季稻营养生长期长度与均温相关性

一季稻的营养生长期长度与均温呈负相关，其中在四川省、湖北省、江苏省、黑龙江省和吉林省呈显著负相关。

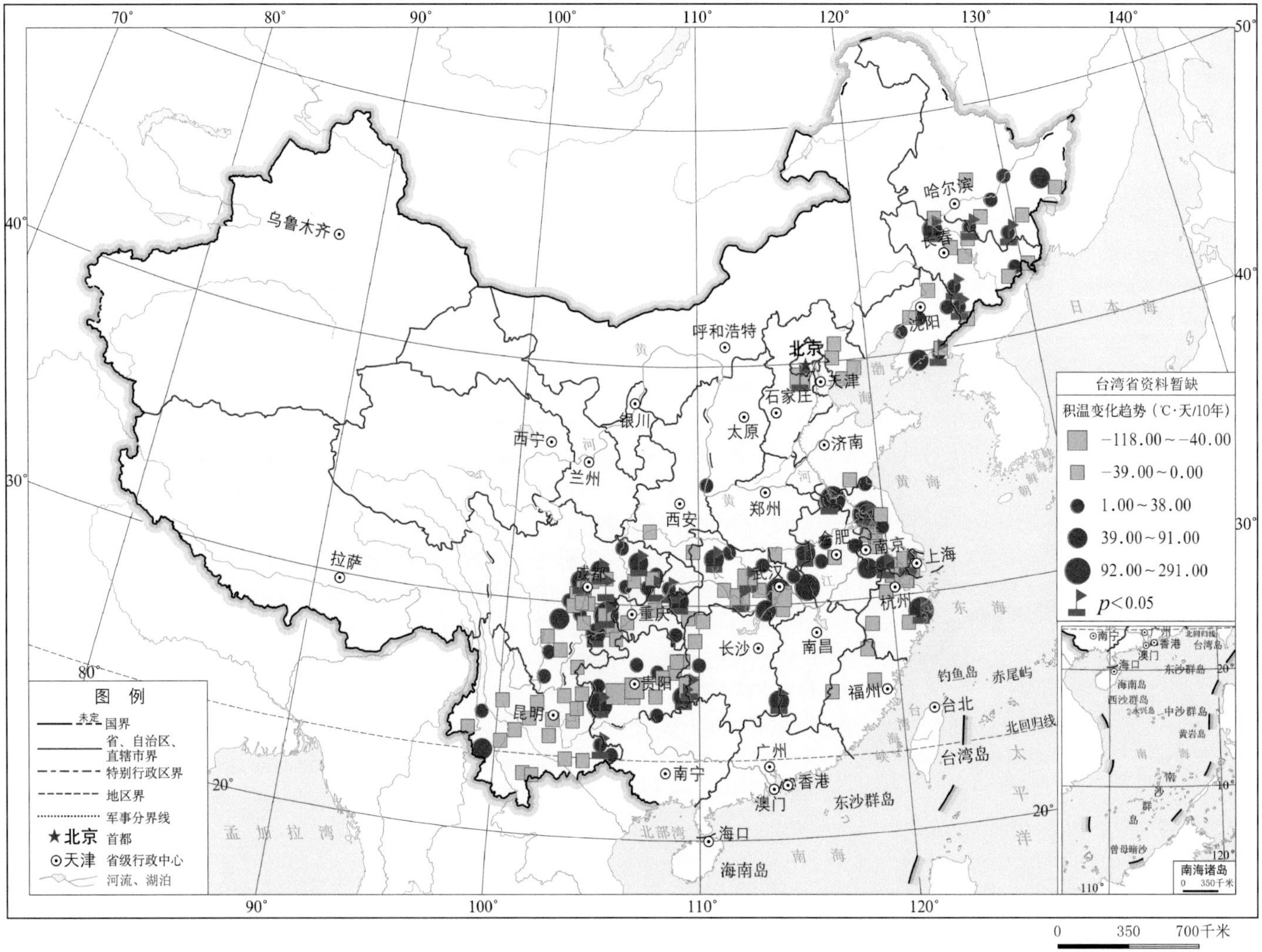

图 4-15　1981—2009 年一季稻营养生长期积温变化趋势

一季稻的营养生长期积温变化呈增加趋势，其中在江苏省和四川省呈显著增加，平均每 10 年增加了 39.00～91.00℃·天。

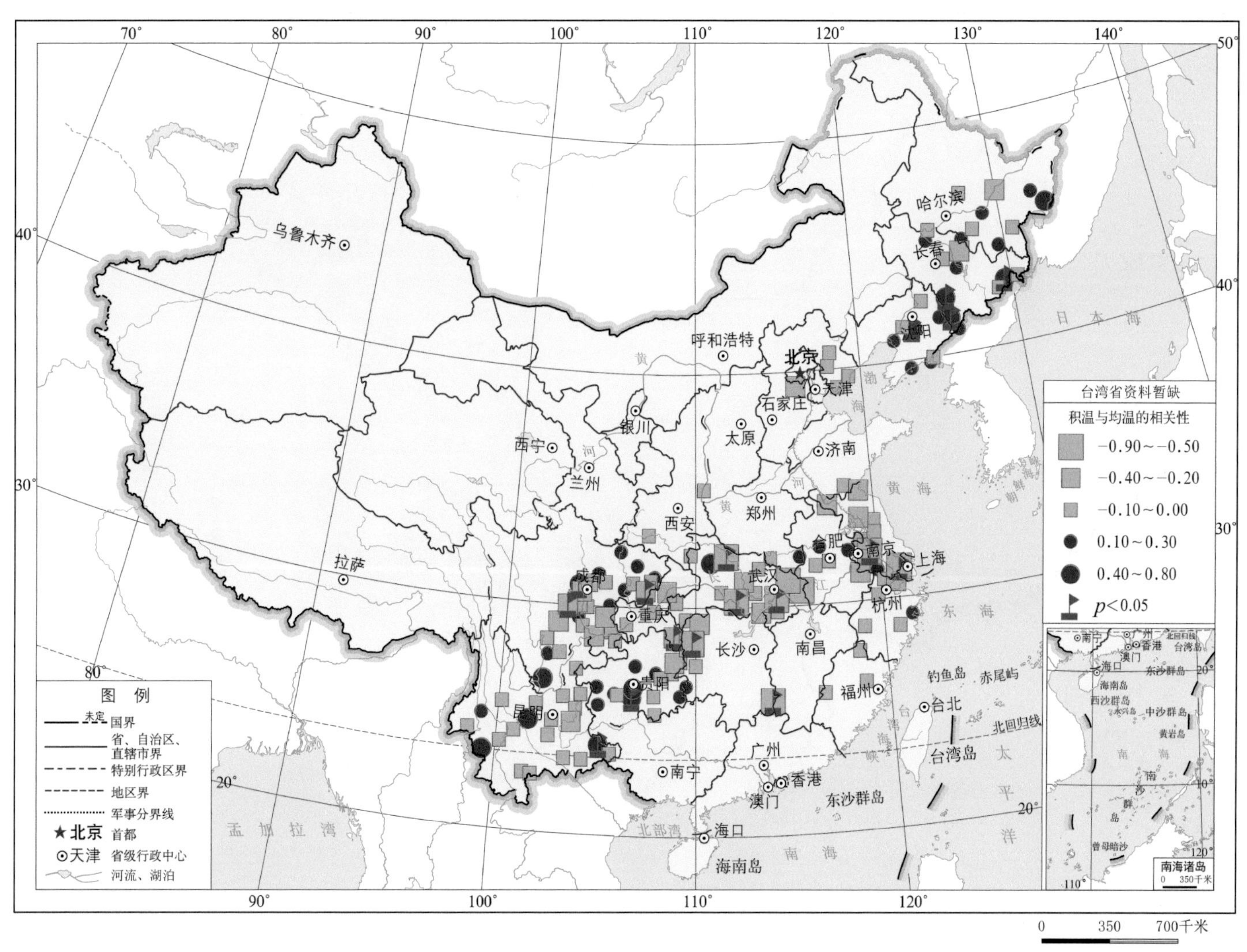

图 4–16 1981—2009 年一季稻营养生长期积温与均温的相关性

一季稻营养生长期积温与均温呈负相关，其中在江苏省、湖北省、湖南省和四川省呈显著负相关。

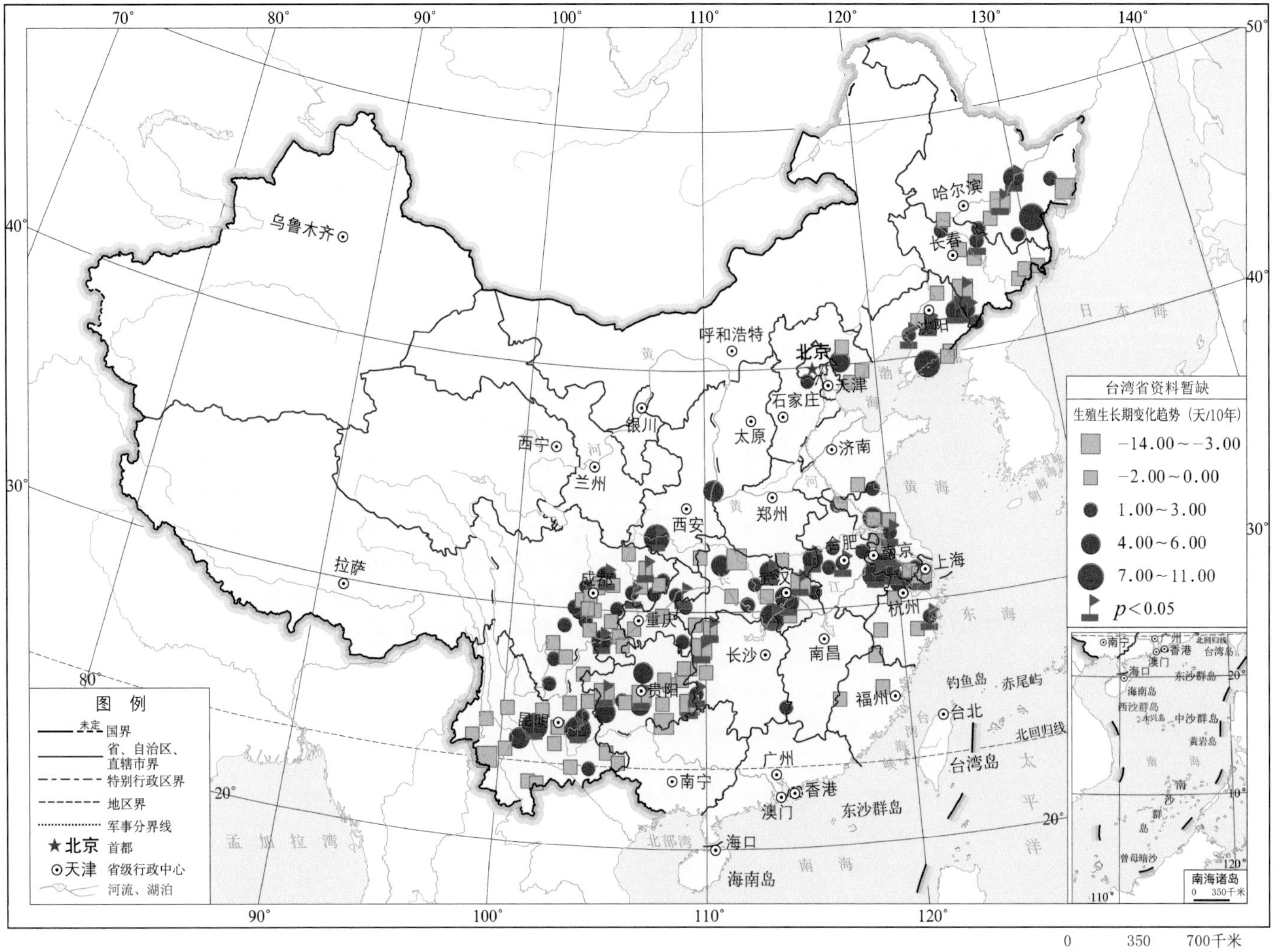

图 4-17　1981—2009 年一季稻生殖生长期长度变化趋势

一季稻的生殖生长期长度变化呈延长趋势，其中在安徽省、湖北省、云南省和四川省呈显著延长趋势，平均每 10 年延长了 4.00～6.00 天。

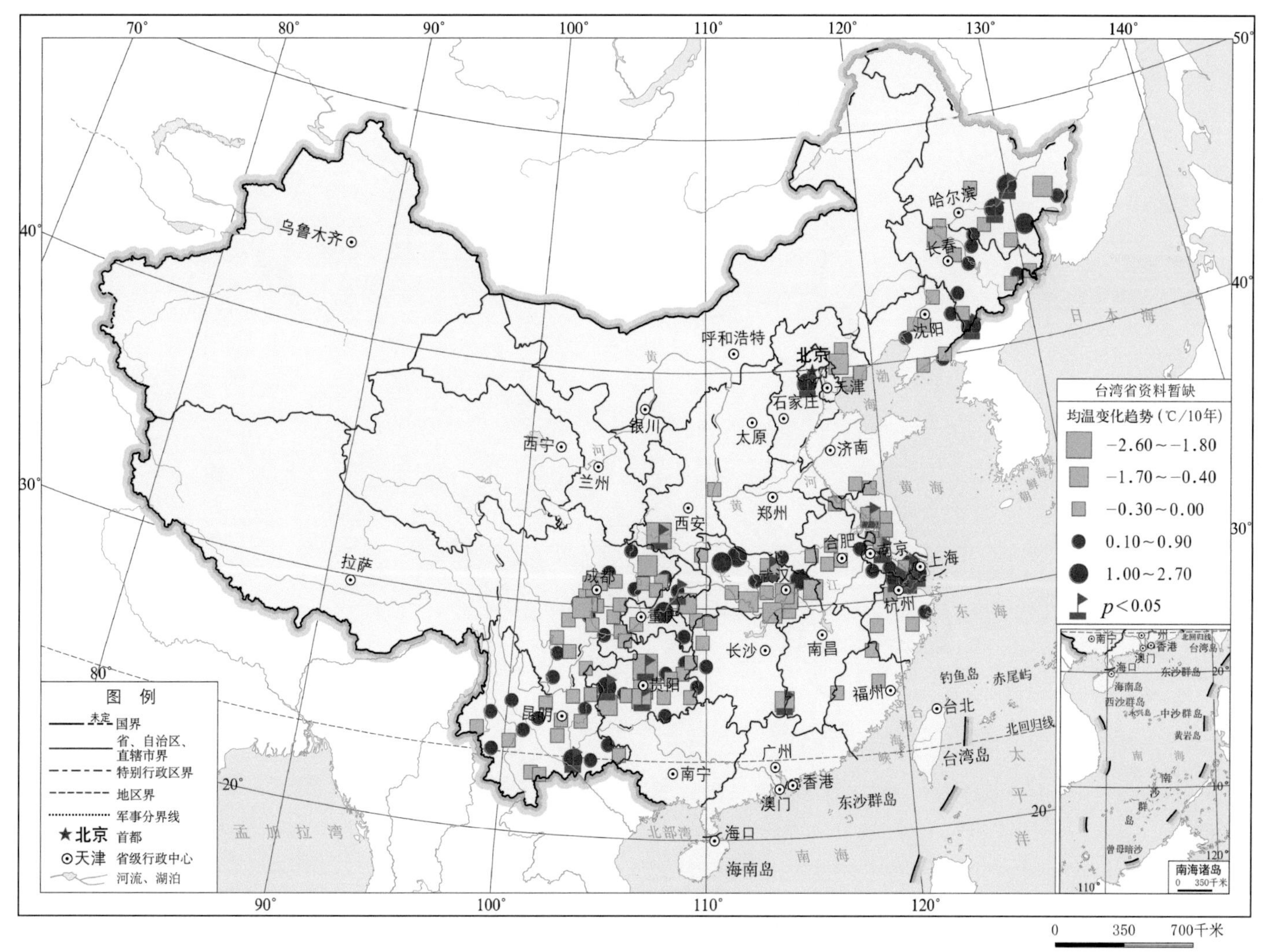

图 4-18　1981—2009 年一季稻生殖生长期均温变化趋势

一季稻生殖生长期均温变化呈减少趋势，其中在四川省、贵州省和湖北省呈显著减少趋势，平均每 10 年减少了 0.40～1.70℃。

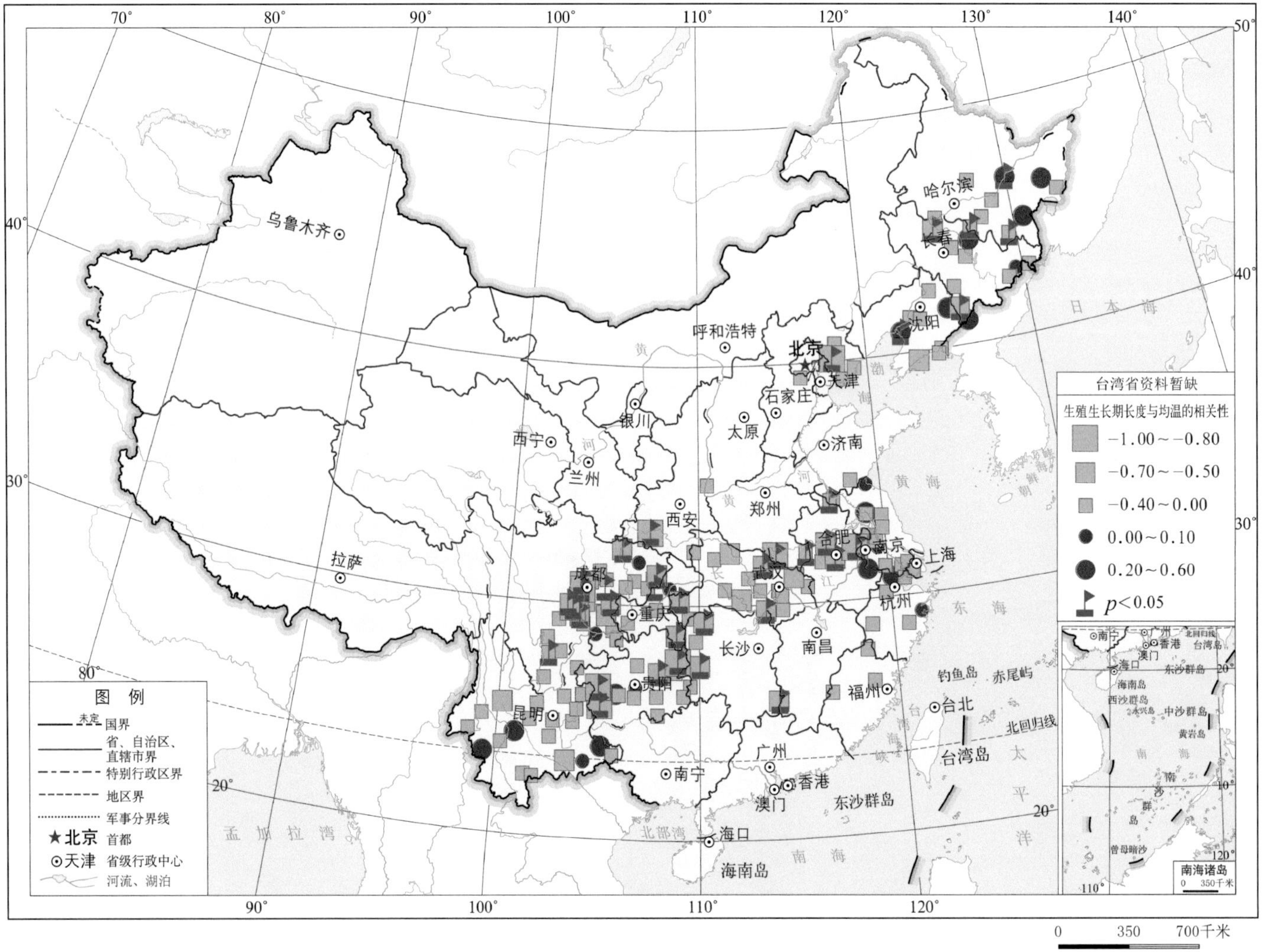

图 4–19　1981—2009 年一季稻生殖生长期长度与均温相关性

一季稻生殖生长期长度与均温呈负相关，其中在四川省、贵州省、湖北省和安徽省呈显著负相关。

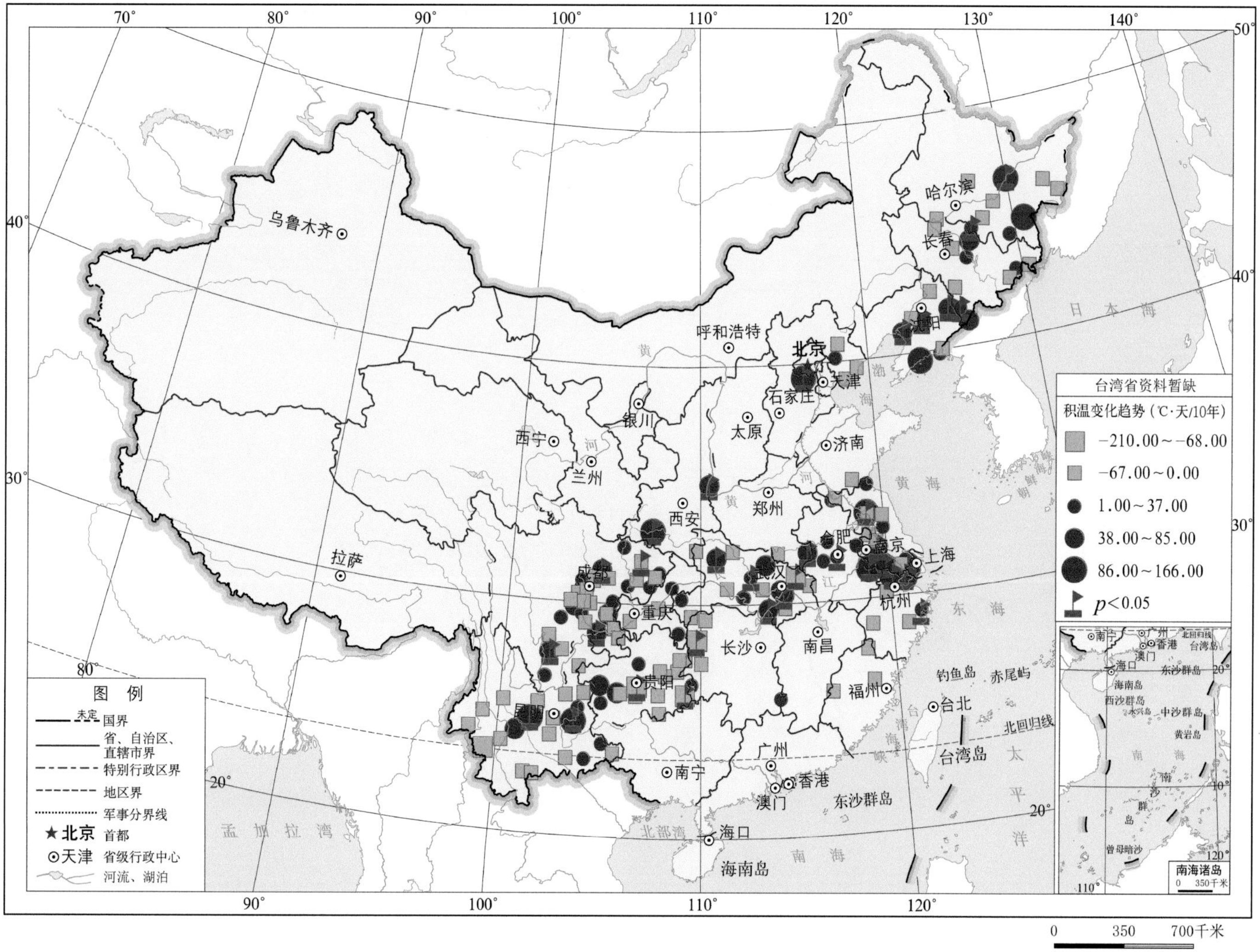

图 4-20 1981—2009 年一季稻生殖生长期积温变化趋势

一季稻生殖生长期积温呈增加趋势，其中在云南省、江苏省、黑龙江省和辽宁省呈显著增加趋势，平均每 10 年增加了 38.00～85.00℃·天。

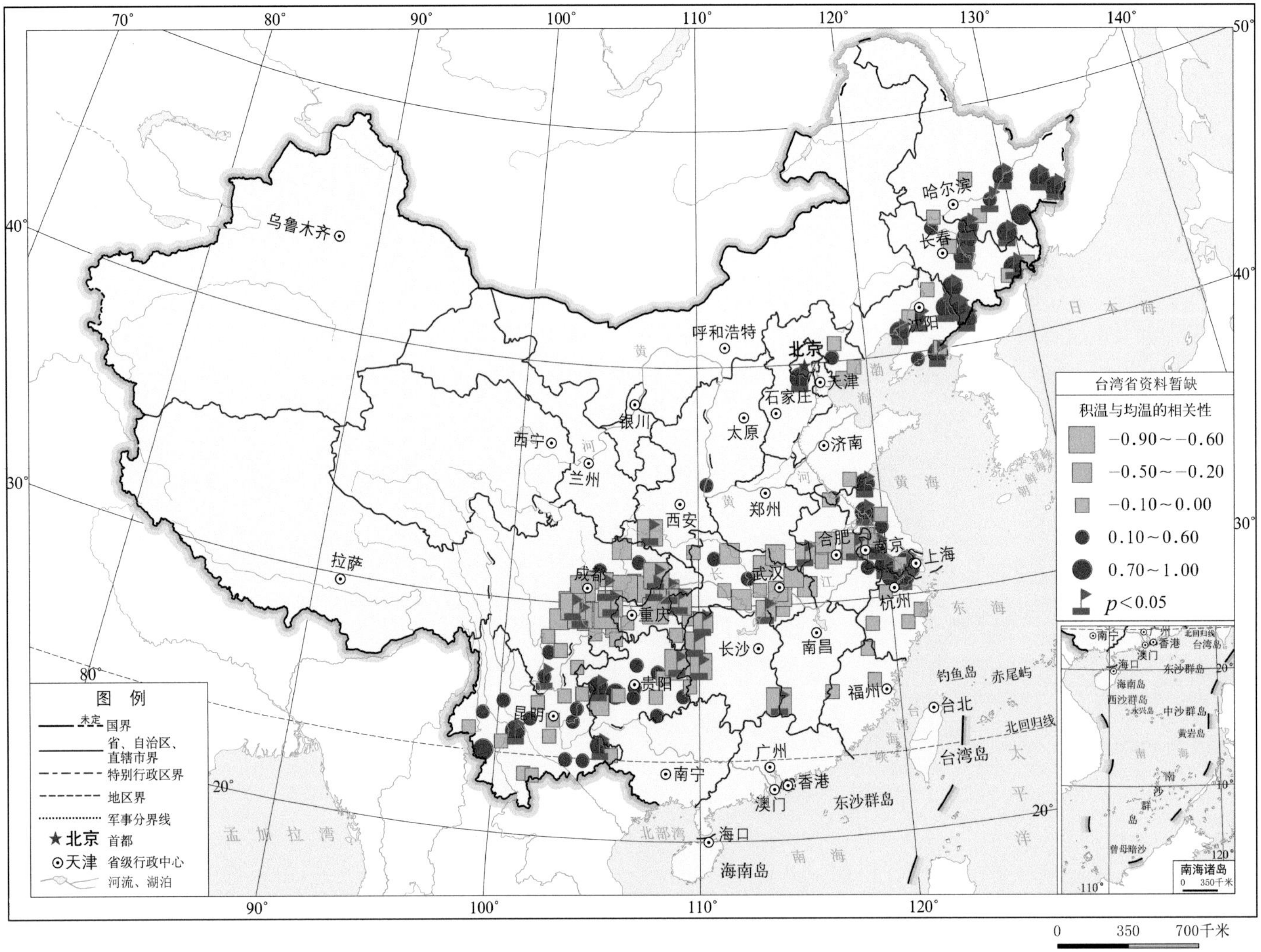

图 4-21　1981—2009 年一季稻生殖生长期积温与均温相关性

一季稻生殖生长期积温与均温在四川省、贵州省和湖南省呈显著负相关，在东北地区和江苏省呈显著正相关关系。

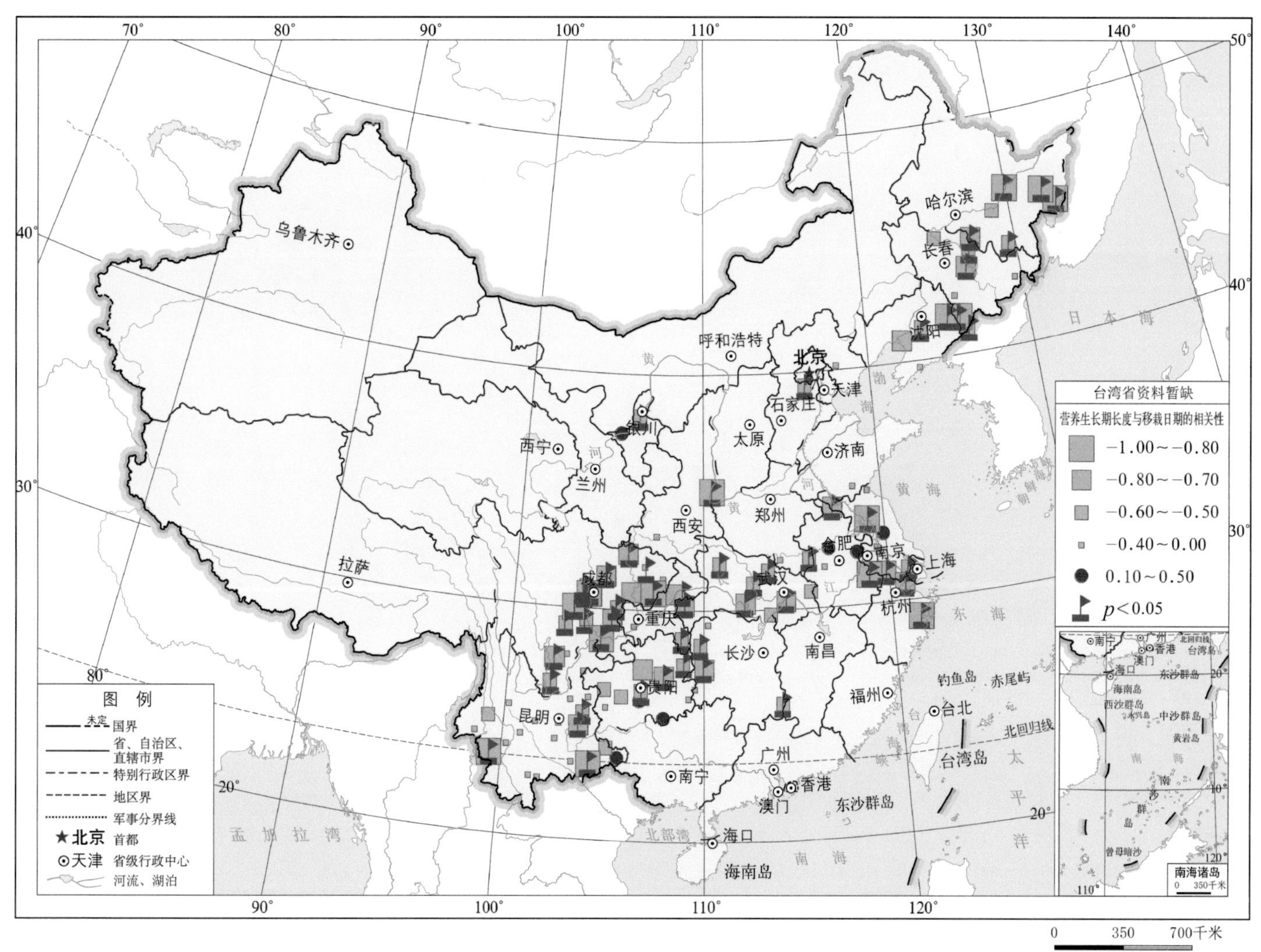

图 4-22　1981—2009 年一季稻营养生长期长度与移栽期的相关性

一季稻营养生长期长度与移栽日期呈负相关，其中在四川省、江苏省和黑龙江省呈显著负相关。

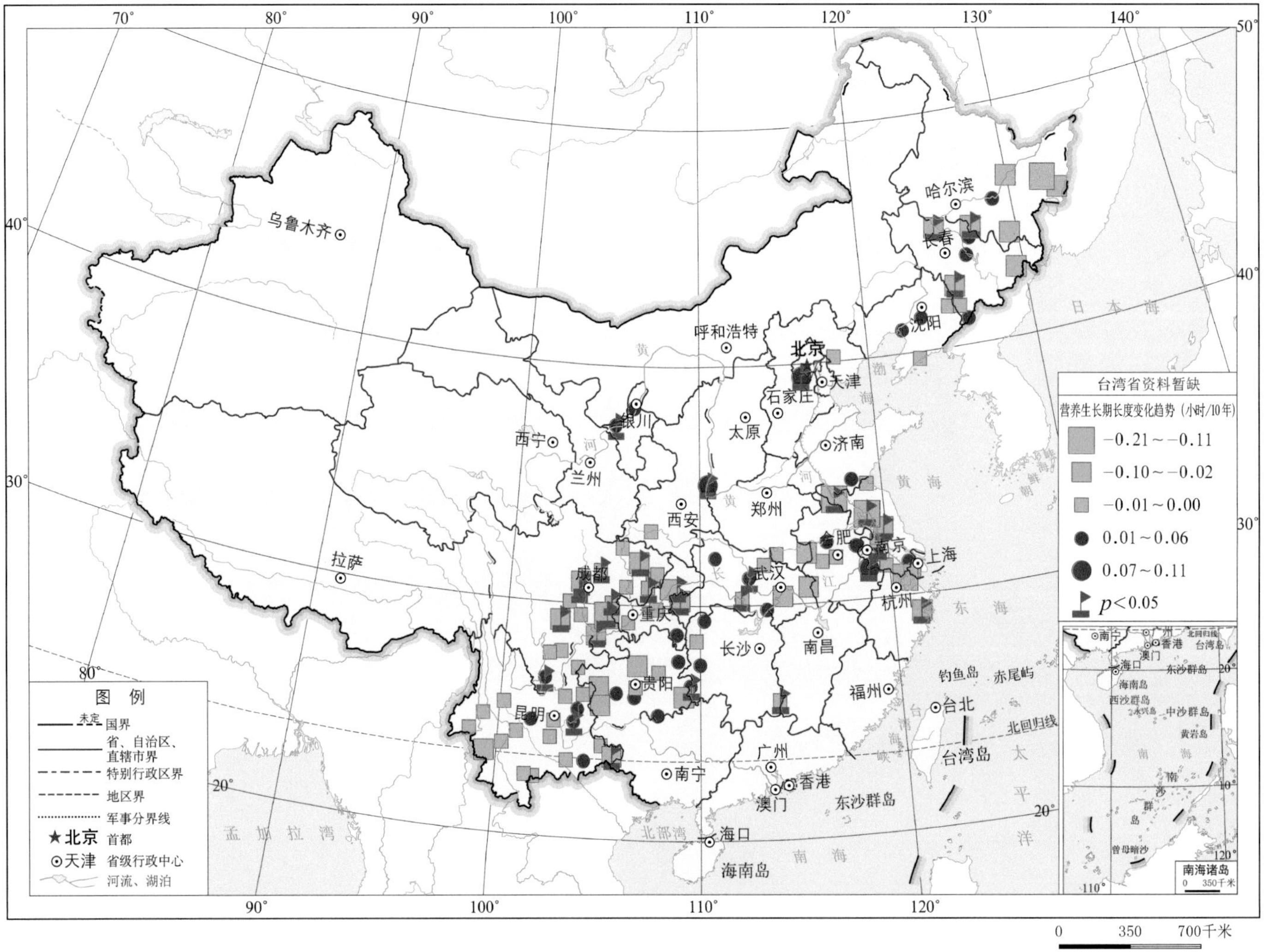

图 4-23　1981—2009 年一季稻营养生长期平均日长的变化趋势

一季稻营养生长期日长呈缩短趋势，其中在吉林省和江苏省呈显著缩短趋势，平均每 10 年缩短了 0.11～0.21 小时。